Nature Wonders　Youth Edition
国际科普大师丛书（青春版）● 博物篇

比人更有趣的哺乳动物

MAMMALS

The Outline of Natural
History

［英］ 约翰·亚瑟·汤姆森
(John　Arthur　Thomson) /著
张毅瑄/译

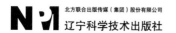
北方联合出版传媒（集团）股份有限公司
辽宁科学技术出版社

图书在版编目（CIP）数据

比人更有趣的哺乳动物 / (英) 约翰·亚瑟·汤姆森
著；张毅瑄译. -- 沈阳：辽宁科学技术出版社，2025.
1. -- (国际科普大师丛书：青春版). -- ISBN 978-7-
5591-3964-1

Ⅰ. Q959.8-49

中国国家版本馆CIP数据核字第20249HQ173号

出 版 者：辽宁科学技术出版社

（地址：沈阳市和平区十一纬路25号 邮编：110003）

印 刷 者：大厂回族自治县德诚印务有限公司

发 行 者：未读（天津）文化传媒有限公司

幅面尺寸：889mm×1194mm，32开

印 张：7.25

字 数：165千字

出版时间：2025年1月第1版

印刷时间：2025年1月第1次印刷

选题策划：联合天际

责任编辑：张歌燕 王丽颖 马 航 于天文

特约编辑：张雅洁 王羽鹭

美术编辑：王晓园

封面设计：typo_d

责任校对：王玉宝

书 号：ISBN 978-7-5591-3964-1

定 价：36.00元

关注未读好书

客服咨询

目录

导读

自然史是有关某些生物在其环境内生存状况的系统研究，又可称为博物学，而从事自然史研究的人，则被称为博物学家。

十八世纪，欧洲进入知识大爆发时代，启蒙运动如火如荼地展开。知识分子对自然充满了好奇心，他们仔细观察自然界中的生命现象，四处收集珍禽异兽的标本，主张真正的自然知识应来自第一手的经验。不少人冒着生命危险，背井离乡、远赴异国去了解这个世界，尤其向往新世界。这股自然探险之风吹遍了欧洲社会，探险家詹姆斯·库克（James Cook）、约瑟夫·班克斯（Joseph Banks）等人纷纷至美洲、大洋洲进行自然考察与研究。其中，十八世纪的法国人布丰（Comte de Buffon）与十九世纪的英国人查尔斯·达尔文（Charles Darwin）及阿尔弗雷德·华莱士（Alfred Wallace）是当时最重要也最具代表性的自然史大家。

一七三五年，卡尔·冯·林奈（Carl von Linné）出版了《自然系统》（*Systema Naturae*），建立了物种命名的"双名法"，影响深远。从此，博物学家之间有了通用的语言，促进了自然史知识的融通。但这个世界上有关生命生发与多样性的大问题，直到十九世纪中叶才有了突破性的解答。一八五八年七月，达尔文与华莱士在英国共同提出了生命的进化论，解释了物种起源与新物种的出现。在那之后，进化论成为生物学中最重要的理论之一，其影响力持续至今。十九世纪欧洲知识界弥漫着浓厚的自然探索氛围，博物学界人才辈出，自然史大放异彩。《简明自然史》（*The Outline of Natural History*）的作者约翰·亚瑟·汤姆森便是其中的佼佼者。

这本书于一九三一年出版后，随即洛阳纸贵并一刷再刷，二〇一〇年又有新版。本书是《简明自然史》的第一册，简明叙述了较常见的脊椎动物中的哺乳类动物。书中介绍之物种的空间分布很广，从英国本土到欧洲、美洲、非洲、大洋洲、北极，拓展了读者生命多样的视野，引发了探索生命价值的兴趣，可以说对普及二十世纪的科学知识厥功甚伟。

在描述动物的长相、习性、繁殖与抚养（尤其赞扬动物的母爱）及其生存的环境之时，作者不时挞伐人类杀戮野生动物的不当行为。而全书最受读者青睐之处，是作者描述的功力与微妙的比喻，让人读来多增一丝领悟、多一次会心微笑。此外，作者引述了六十余条国际著名博物学家的言论，书中也采用了以林奈双名法为命名原则的动物名称，更亲近二十一世纪的读者。

本书收集的资料距今将近一个世纪，当时没有今日的高科技（传感器、计算机、互联网等）与数据库来协助作者收集、分析大量信息，亦尚未发现并确认诠释生命的基因、染色体组、分子遗传等知识，但是这本《简明自然史》稳稳引领着读者进入近百年前描述的自然生命国度，享受作者精彩、隽永的自然书写。

金恒镳

二〇一七年三月十七日于洛杉矶

引言

有效研究自然史的门径不少，其中能带来更多收获的方法之一，就是探索动物的日常生活，追寻它们面对饥饿与爱情、争胜与守成这些老问题时各异其趣的解决之道。对于生活情态的探查（《简明自然史》的主旨）能让我们与动物有所共感，因为它们的困境正是人类生命困境的先声。当所有生物各自尽情释放其天性时，它们就都是生命这出大戏中的演员。人类是其中的一员，而整个世界就是不断变化的舞台，生命之剧在其上展开已有数亿年。与这漫长的时间相比，人类观察这些演员、思索整出剧情的历史又是何其短暂！

本书主要呈现的是野生动物在大自然中的生活情况。我们会用很大的篇幅介绍脊椎动物中的哺乳类（第一册）与鸟类（第二册），以及无脊椎动物中的昆虫与蜘蛛（第三册），这是十分合理的做法，因为我们对它们的生活面貌所知最细微也最精确。对这些生物感到好奇的人会很快发现，当探究到某一程度时，我们就必须开始接触生物学或生命科学的基本问题（即便只是皮毛）；而本书的目的之一也是要告诉读者，老式的自然史研究其实非常能够激荡脑力，这门学问不仅是今日生态学的基础，也是解剖学与生理学等分析性更高的学术专业发育而出的沃土。除了智力上的挑战外，我们还希望本书中以同情态度论述动物的部分，能够引导更多人与我们共享最深刻（即使并非"深不见底"）的生命之喜。

※ 本书为《简明自然史》的第一册，收录其中有关哺乳动物的十六个章节。

※ 本书初版时间为一九三一年，书中的一些信息与概念虽与今天有所差异，但仍在此予以保留，以呈现当时的自然史研究风貌。

第一章

自然史概论

哺乳动物的生活形态

动物王国可分为两大部分：有背脊骨者，也就是脊椎动物；没有背脊骨者，也就是无脊椎动物。这两大类都可再被分为许多纲。脊椎动物包括：哺乳纲，大部分是长有体毛的四足动物；鸟纲，长有羽毛的两足动物；有鳞的爬行纲，如蜥蜴和蛇；体表光滑的两栖纲，如青蛙和蟾蜍；长有鳃和鳍的鱼纲[1]。无脊椎动物包括：软体动物，如蜗牛和双壳贝类；蜘蛛和它们的亲戚；势力庞大的昆虫纲；甲壳动物，如虾蟹；各式各样的蠕虫；海星、海胆和它们的同类；水母、海葵和植虫类动物；海绵动物，以及那些形态最为基础、由单一细胞或有机体构成的生物[2]。

我们以哺乳纲作为本书开篇。尽管人类的形态与其他哺乳纲动物不同，但在分类上仍属于此纲。哺乳纲里有猿猴、食肉目动物、脚下长蹄的哺乳动物、吃昆虫的动物，还有爱啃东西的哺乳动物，等等。

---

[1] 另有一说将脊椎动物分为六类：鱼类、两栖动物、爬行动物、鸟类、哺乳动物和圆口类（无颌类）动物。
[2] 按照现在的分类，无脊椎动物包括原生动物、棘皮动物、软体动物、扁形动物、环节动物、刺胞动物、节肢动物、线形动物等。文中提到的"植虫类动物"是学界以前的分类体系，指介于植物和动物之间的类型。

猿猴的生活形态

猿（ape）与猴（monkey）是同一目的动物，它们被称为灵长目（*Primates*）。灵长目下有不同类别，其中猿猴的智力可谓绝伦。此目动物可分为：新世界猴[1]，如蛛猴和吼猴；旧世界猴，如猕猴和狒狒；类人猿，包括长臂猿、大长臂猿、黑猩猩、大猩猩以及红毛猩猩，它们的生活范围也仅限于旧世界[2]各大陆[3]。

要了解一种动物，最好从它们的感官知觉开始，因为这不仅是它们求知的门路，也是诱发它们做出各种行为的关键。猿猴的感官能力极佳。以视觉为例，马或狗的双眼分别朝向两侧，但猿猴和人类一样都是双眼前视的，这一点非常重要，因为这使得它们的双眼视野不管何时都能够大部分重叠，也就意味着它们拥有立体视觉，能够分辨所见景物的长度、宽度与厚度。此外，猿猴也有辨别不同形状的能力，甚至能区辨不同的印刷字母或颜色。在丛林里，警觉性的高低常是决定一只动物生死的关键因素，而猿猴天生适于丛林生活，能够敏锐觉察周遭环境中任何突如其来的动静或不速之客。它们的听觉十分敏锐，但嗅觉不如狗那样精准。

然而，自由使用双手的能力才是猿猴与其他哺乳动物最大的不同之处。它们仍会用前肢辅助行走，但并不会因此而不把前肢挪作他用（狗就是如此）。它们的前肢能够做出攀爬、抓握、抬举、揉捏等动作，拥有灵敏的触觉，并能借此感知事物状况。其他动物的前肢也有类似的功用，如松鼠就能用双手捧起坚果，但猿猴不管是操

---

(1) 新世界猴与旧世界猴：新世界猴分布在中美洲与南美洲，特征为鼻子扁且塌（阔鼻），尾巴能够卷握；旧世界猴分布于欧洲、非洲、亚洲，与新世界猴相比，它们的鼻孔间距较小并且朝下（窄鼻），尾巴没有卷握的能力。

(2) 旧世界与哥伦布发现的新世界对应，前者主要指亚非欧三大洲，现在已很少用这种说法。

(3) 另一说将灵长目分为四类：原猴类、新世界猴、旧世界猴和类人猿。

作物品的能力还是手眼协调的能力都出类拔萃。猿猴善用双手，对它们来说，手就像一对工具，大家都知道它们多么喜欢把手中的东西弄得四分五裂，又是多么热衷于一次又一次地将一支刷子的刷柄旋下来再装回去。

不眠不休的实验家

要了解猿猴，我们必须认清一件事，那就是它们拥有一颗不凡的大脑。猿猴的脑部已经高度进化，当我们看着一只活力充沛的猴儿的双眼时，总觉得自己能看到它飘来荡去的万千思绪。猿猴总是静不下来，这或许是因为它们具有高度的智能。

美国心理学家爱德华·桑代克[1]如是说："看看一只猫或一只狗，它们会做的事情十分有限，而且就算长时间闲散也不觉无聊。但看看一只猿猴，你会发现它能做的事情多到不胜枚举，一切事物对它而言都有吸引力，它常只是因为好动而活动。"

只要猿猴感觉到身边有未解之谜，就永远无法停下手来，这个实际的现象让我们明白桑代克教授所言不虚。诗人及小说家鲁德亚德·吉卜林（Rudyard Kipling）所写的里奇-第奇-塔维（Riki-Tiki-Tavi）这只猫鼬的故事[2]，就是在说这个。它终生的志愿就是探索新知。但比起猫鼬，这个特质其实更符合猿猴呢！它们对这个世界充满了好奇，这一点绝不夸张。

在桑代克教授研究的猴子当中，某只有回恰巧碰到了一根突出

---

(1)　爱德华·桑代克（Edward L. Thorndike, 1874—1949）：美国心理学家，曾任教于哥伦比亚大学，是教育心理学的奠基者之一，最知名的实验即本书后文提及的"迷笼实验"。

(2)　收录于《丛林之书》（The Jungle Book）。

的铁丝，结果铁丝不断颤抖，这现象可让这位猴老兄兴致大发，此后几日每天都要去碰碰那根铁丝，将相同的把戏玩上几百回。当然，它这么做不会得到任何物质奖励，但光是让这根铁丝嗡嗡震颤就足以使它乐此不疲。

猿猴动作之快常令人惊异，一旦它们脑子里出现了什么主意，即刻就会起而行之，总在人类还来不及察觉它们的企图时就已得手收兵。说到对于因果关系的认知（如某种声音与某种事件之间的关联），猿猴的学习速度在动物界中可是数一数二的。伦敦动物园里有只著名的黑猩猩名叫莎莉（Sally），它曾受训学习一项技能：当训练师给出一个数字时，它就要给训练师同样数量的稻草。莎莉很快就学会了一到五的数字，当它听到训练师说"五""四"或"三"时，它总能拿出数量正确的稻草，得到奖赏。不过，或许是因为它太缺乏定力，要教它计算超过五的数字时困难重重。当它听到大于五的指令时，常会把手中的一根稻草对折，用拇指和其他手指握着，这样露出的两端看起来就像两根稻草一样。这个对折稻草的行为很可能是它用来省时的聪明巧思，就算这样做无法让它获得奖励，它也十分爱用这招。

塞缪尔·霍姆斯[1]教授养了一只名叫丽兹（Lizzie）的冠毛猕猴（*Macaca radiata*），这种猴子是住在直布罗陀的那些猕猴的远房亲戚，而研究它的能力与极限是一个非常有意思的课题。它的笼子前方有一排直柱，可以让它将手臂整个伸出来。有一次，科学家在板子上放了一个苹果，丽兹无法直接拿到苹果，但这块板子上有个把手可供抓取。丽兹一看，马上抓起把手、拉近板子，将苹果一攫在手。在整个过程中，它的动作没有片刻迟疑，但这或许是因为这类猴子天生就善于将长满水果的树枝拉向自己，以便摘取果实。

---

(1) 塞缪尔·霍姆斯（Samuel J. Holmes，1868—1964）：美国加利福尼亚大学伯克利分校优生学教授、动物学家，遗传学先驱，主要研究动物行为学与遗传学。

又有一次，科学家在一个凡士林空瓶中放了一颗花生，用瓶塞封口后交给丽兹，丽兹也是立刻就用牙齿把瓶塞拉开，算是发扬了它"见到新东西就咬"的本能。但在这之后，它却怎样都学不会把瓶子反过来倒出花生。这个有趣的例子清晰地呈现出它们心智能力的局限性，虽然丽兹最后还是能拿出花生，且之后每次重复这个实验时它都能更快做到这一步，但它就是无法掌握"让花生掉出瓶子"的原理。它能逐渐省去过程中那些无用的动作而表现出某种进步，但这只是一种低等级的学习。如果丽兹能运用更高的智能来学习，它就可以学会直接将瓶子倒过来。

在迷笼实验（puzzle box）中，受试动物必须以特定的程序操纵机关，才能解除眼前障碍。猿猴在这种实验中善于学习的程度远远超过猫或狗，这与它们灵巧操作事物的能力有关。它们会一再尝试，去除错误的部分，最终的成果比丽兹与凡士林瓶奋战的成果更好（毕竟丽兹的情况实在称不上做实验）。某只猿猴在间隔八个月后重新接受同一个迷笼实验，结果它仍能迅捷娴熟地解开机关，展现出了极强的记忆力。

某些猿猴能学会从迷宫（如英国汉普顿宫花园里的迷宫）中自己找到路，这种技艺可能代表着它们能记得路径的转向或弯曲之处。有一篇记载值得一读：在某次实验中，两只猕猴已经走到迷宫出口前的最后一弯，这时它们竟然开始大声咂嘴，兴奋之情溢于言表，像是在说："咱们这回干得不错，奖品就在眼前啦！"

许多人认为猿猴是模仿大师，应该说，这种说法有一部分是事实。我们曾观察到两只黑猩猩动手清洗橱柜，它们拧干抹布的动作惟妙惟肖，颇有专业洗衣妇的风范，这大概是因为它们看过人类清洁打扫，因此有样学样。只是，整体而言，以猿猴为对象进行的实验大都得到相同结果，那就是它无法以看人类示范的方式学习，即使是"用一根曲柄将食物钩到伸手可及之处"这样简单的动作都不行，每只猿猴都必须自行从实操与错误中慢慢摸索出门道。不过，也有少部分个案例外，这些个案提示我们猿猴可分作许多等级，而某些猿猴的聪明才智其实远胜同类。

我们可以确定的是，猿猴都是为达目的不眠不休的实验家，即使是操作难度颇高的机关都很少考倒它们，而且它们还能牢牢记住机关的解法。那些曾被人类研究的猿猴（或者精确一点，就说猿类吧）之中，聪明绝顶者可能是一只名为彼得（Peter）的黑猩猩艺人，它会许多才艺，比如玩轮滑、骑自行车、将线穿过针眼、解开绳结、抽雪茄、串珠子、钉钉子，以及用钥匙开锁等。

彼得能够骑着自行车在五个排成沙漏形状的罐子之间灵活穿梭，这是它最著名的表演节目之一。它从不会把一般钉子和螺丝钉搞混，总能在适当的时机分别使用榔头或螺丝刀，这一点十分值得注意。有一次，人们给了它一把形状特殊的榔头，测试它使用工具的能力，结果它仔细摸了摸榔头顶上的两侧后，选择用平面而非球面的那一侧来敲击。彼得的舞台秀共有三十六项不同的才艺展示，依照固定次序一出接一出地表演。在最佳状况下，观众会觉得训练师看起来好像除了安排舞台道具什么都不做，不会觉得他在向彼得发出任何指示。彼得显然十分享受在舞台上的表演，但这项工作的压力或许已经超出它所能负荷的极限，因此它的演艺生涯十分短暂，它七岁就去世了。

美国纽约动物学园区（现在的布朗克斯动物园）的负责人 W. T. 霍纳迪（W. T. Hornaday）博士在他的著作《野生动物的思想与行为》（*The Minds and Manners of Wild Animals*）中，提到了另一只受过训练的黑猩猩苏塞特（Suzette），它能骑着单车表演精妙把戏，更能在穿上轮滑鞋后如履平地。"它能在一颗大型木球上安稳站直身子，然后施展专业水平的平衡技术与足下功夫，滚着这颗木球攀上陡峭斜坡，或是一阶一阶滚下阶梯，从来不会重心不稳或者失手。"它们究竟需要何种程度的智力才能施展此类技艺？这一点我们很难估量，但要成功完成这些动作，需要在过程中随时迅速、精准地做出判断，这一点毋庸置疑。

就像马、狗、猫、大象这些动物一样，猿与猴的行为证明了它们有智力，这个说法大家都同意。也就是说，除非我们认定它们有能力对因果关系进行认知与判断，否则就无法理解它们的某些作为；除非我们假设它们会在脑子里对自己说"如果这样，结果就会那样"，否则就无法理解它们行为的意义。这项结论无人可以否认，我们必须承认它们的确拥有一些思考能力，学术界称这种能力为"感知推理"（perceptual inference），指它们能借由眼睛看到的或是记忆中的视觉信息，推论出实际上并没有看到的东西。

如果它们像人一样，利用感知推理去发展普遍观念——如"人"或"奖励"等较为抽象的概念——就表示它们拥有理性，或者说能够进行概念推理（conceptual inference），但目前并没有确切证据表明任何动物拥有超越感知推理的能力。

以下我们以大猩猩为例，更清楚地阐明上述理论。

大猩猩

一九一八年，鲁伯特·潘尼（Rupert Penny）少校从伦敦一间店铺里买下一只年轻的雄性大猩猩，将它从"每天白天都热到近三十摄氏度，且夜间独自在恐惧中度过"的悲惨处境中解救了出来。艾莉丝·坎宁安（Alyse Cunningham）女士担任这只幼猿的教师，并详细记录下了这名学生的学习进度。当它害怕孤单的幼小心灵在夜间得到抚慰后，这只被取名为约翰的大猩猩终于开始开心起来，它变得整洁、爱干净；每天的主要饮食是温过的新鲜水果与牛奶，它吃东西时细嚼慢咽，在餐桌上有良好的教养。如果它打开水龙头喝水，一定会记得将水龙头重新关好。它独自玩耍，有时也有一名三岁幼童作为玩伴。它喜欢小羊、小牛这类的小动物，但对成年的大家伙有些畏惧。它爱在走廊里玩乐，还会把原本上锁的窗户打开，以便在楼下观众的热情注目中表演。它会拍手，也会像保罗·杜·沙伊鲁[1]在书中描述的那样握拳捶胸，不巧的是，它的行为正好证明了这位探险家的记录与事实有所出入。

约翰性格谨慎，会因那些引起它兴趣的人（如某个从高处窗户向外张望的人）而显得紧张不安。它并不总是乖乖听话，而体罚对它一点儿用都没有。"我们发现唯一能够惩治它的办法，就是跟它说它很坏，然后把它从我们身边推开。这时它就会在地上打滚大哭，表现出满心忏悔的样子，还会抓人的脚踝，把头靠在那人脚上。"

与此相关的另一有趣课题，是观察它在和它的玩伴（一名三岁女孩）摔跤时如何反应。"当女孩开始哭泣，而女孩的妈妈不愿意把她抱起来安慰时，约翰总会试着去做点事，比如捏一下妈妈，或是用力一掌拍在妈妈身上，很明显，它认为妈妈是害女孩哭的罪魁祸首。"不过，我们其实无法确认这头猿小子脑子里是不是真的这样想，或许事实反而是这样："我的小玩伴在哭，就像我被从我爱的人身边推开时那样在地板上哭，而她的妈妈不愿意抱她起来，那我该怎么办？我应该去打她的妈妈，即使最后我会因此受到惩罚也在所不惜。"如果它曾出现类似想法，那我们就可以说它的行为具有智能，就算它判断失误（就像我们人类也常犯错），这种判断仍是基于某种智能。

---

(1) 保罗·杜·沙伊鲁（Paul du Chaillu, 1831—1903）：法裔美籍探险家。他在一八六一年出版的《赤道非洲探索历险记》（Adventures and Explorations in Equatorial Africa）一书中，记录了他与队友追踪一只巨型雄性大猩猩，目睹它愤而以拳头捶胸的经历。

另外，如果我们能够确信这样一段话——"你竟然让我可爱的玩伴哭泣？这太不对了！我，大猩猩约翰，一定要为此抗争到底！"——才是它脑中的思绪的话，我们就必须承认大猩猩拥有理性能力，或者说能够运用普遍观念来思考。但是，老实说，以上两种推论都太不精确，或者说太一厢情愿。事实真相可能只是它在那个时候既生气又迷惑，因此出手打了女孩的母亲，这一行为没有经过多少思考，就跟它握拳捶胸的行为差不多。

坎宁安女士说，约翰曾做出非常人性化的举动："我平时偶尔会给它一点生牛肉吃，那天屠夫送来了一块新鲜的菲力牛排，我们就从肉质不太好的部分割了一点分给它，结果它吃了以后抓起我的手，放在那块牛肉上比较好吃的部位，我只好又从那里割了一块给它吃。我的侄子当时不在场，他回家后听说这个故事，怎么都不相信，于是，我又重复了一次整个过程，约翰的反应和之前一模一样，而且这一次，它甚至不愿把那块较差的牛肉放入口中。"比起后来重演的情况，约翰第一次完全即兴的表现显然更具代表性。

有一次，坎宁安女士正要出门，约翰跑来想要坐在她的膝盖上（那里是约翰的荣誉席位），坎宁安女士不想弄脏身上穿的洋装，拒绝了约翰的请求。失望的约翰立马倒在地上啜泣，但又立马站起身来，跑去拿来一张报纸铺在坎宁安女士的腿上！据坎宁安女士所言，这是约翰做过的最聪明的行为。

如果我们愿意加入一些想象，或许还能猜想它是否想过这样的事："因为洋装不能被弄脏，害得我不能坐在原本的位子上，但只要垫上一张报纸，洋装就不会被弄脏，所以我这就去拿张报纸吧！"如果这的确是约翰心中的想法，而它又从未见过有人这样使用报纸，那它的行为可以说非常聪明（虽然还称不上具有理性）。不过，如果要用科学标准鉴定此事，我们就必须求证约翰是否曾看到坎宁安女士把报纸铺在壁橱或衣柜箱屉底部，也必须知道坎宁安女士每次拿梳子替约翰整理仪容时是不是都会围上围裙。简言之，除了故事本身，我们还必须知道大量的背景资料才能做出精确的判断。要说这只大猩猩的行为具有一定的智能是毫无疑问的，但它的智能到底高到什么程度？这就必须经过进一步的研究才能确定了。总之，我们已经会用越来越有批判性的态度进行自然史研究，不再将所有记录依照表面现象照单全收。

※　　※　　※

世界上共有两种大猩猩：住在刚果北部丛林、喀麦隆、加蓬的西非低地大猩猩（*Gorilla gorilla*），以及住在坦噶尼喀西北部及维龙加火山群一带的东非山地大猩猩（*Gorilla beringei*）。托马斯·A. 巴恩斯[1]曾研究过东非山地大猩猩，他有个独一无二的机会，能在大猩猩的栖息地近距离观察它们。

山地大猩猩栖息地的海拔高度可达三千米，这是因为它们主要以竹子为食，而竹子在热带非洲地区只生长在高海拔的地方。山居的习性也能解释它们为什么全身（除了胸口）都覆盖着浓密的黑色毛发，且头顶那一撮还异常丰厚，简直就像英国王室卫兵戴的高帽子。

大猩猩一如其名，体形可不小，巴恩斯曾射杀过两只，一只从脚跟到头顶那块厚皮之间的高度有两米；另一只两臂张开的长度超过六米，体重更是超过两百千克。

在人类中，即使是深谙柔术的高手，面对一只成年大猩猩也毫无胜算，它凭那双大手就能折断粗树枝，甚至扭折狮子的前足或豹

（1）　托马斯·A. 巴恩斯（Thomas A. Barns，1881—1930）：英国商人、探险家，曾率领探险队探索现今刚果共和国地区，是第一个记录坦桑尼亚恩戈罗恩戈罗火山口的英国人。

的脖子。"就算是著名摔跤选手哈肯施密特或健美先生始祖桑多尔遇上了它，也会在几分钟内被肢解。"如果有人不幸惹恼了一只大猩猩，他只有两条保命的路，一条是射杀大猩猩，另一条是拿出留声机来播放音乐——倒不是说这只凶猛的野兽能被音乐洗涤心灵，而出于某种未知原因，它们在奏乐的留声机面前只能败逃。

我们从小学到的知识告诉我们，人类之所以与猿类不同，是因为我们的祖先离开丛林后，踏足地面展开新生活，其他猿类则仍过着树居生活。但巴恩斯先生在他的研究中反复强调，大猩猩并非树栖动物，它的手脚形态不适于攀爬。这些大家伙倒是能把竹子当作固定的高跷，踩着它们从竹林顶上迅速通过，就像轻功一样。此时若有人从高处俯瞰，就能看到一颗黑色大头在竹林中浮沉，还有一双粗壮的手臂上下挥舞，那画面好似有只大怪兽在一片绿海中游泳！大猩猩鲜少在地面上直立行走，除非它们正伸手抓着头顶的树枝，或是遭到人类攻击时才会做出直立姿态（人类大概是大猩猩唯一的天敌）。一般来说，大猩猩总是四肢着地拖着身子走路，它们前肢的手指会向内弯曲，以手背触地。

山地大猩猩从不在树上做窝，而是在地面或接近地面之处睡觉。一般来说，它们的生活环境中没有任何事物能对它们构成威胁，唯一的麻烦是常常下大雷雨，如果不加防范，很容易被淋成落汤鸡。因此，大猩猩常睡在树洞里、茂密枝叶遮阴之下，或是铺了一层蕨类与细枝的地洞里。此外，竹林中若有块地方竹枝竹竿东倒西折铺在地上，也能成为大猩猩的安乐窝，它们常在这里享受日光浴，以及随时伸手可及的鲜嫩竹叶。

比起西非大猩猩，东非的山地大猩猩要挑食得多，它们不大喜欢吃水果，也不会挖掘植物根茎为食。如果有机会，山地大猩猩也会找蜂蜜来吃，但它们平日里最爱的食物还是竹子的嫩枝嫩叶，以及酸模、大黄、毒芹等植物的多浆部分。

※　　※　　※

根据巴恩斯的研究，大猩猩以家庭为单位群居，成员包括父亲、数只成年母猩猩，以及四到五只幼猩猩。但大猩猩的群居形态是个重要问题，对此我们还需要更多更具批判性的观察报告。有时，年老的雄猩猩会"被年轻力壮的挑战者击败，逐出家门"，因而失去自己在家族中原有的地位，独自生活。若要把它们比作人类，它们可不是什么坏脾气的老光棍，而是退休后无用武之地的老爸爸。

如果更靠近看大猩猩，我们会看到什么？它拥有宽阔的胸部（胸围整整一点五米）、巨大的下巴、令人生畏的牙齿，吼声像水牛，还带有尖啸。不过，大猩猩通常十分安静，这表明它们并非天性好斗。如果什么东西引发了它们的好奇心，它们会响亮亮地大哼一声（与大型犬有时发出的声音类似），紧接着就用拳头敲击胸膛，发出洪亮的咚咚声。这声音可能是在向其他动物示威，但也有可能是同族猩猩之间在表达友好。"还有一种可能是给自己打气，因为有时它们完全没有任何警戒的理由，但我却听见它们把胸膛敲得嘭嘭响。"

发育完全的雄性大猩猩身高超过一米八，全身上下只有黑灰两色，有时毛发上还隐隐带着一点红色。这样一只生物能让任何人望而生畏，但巴恩斯先生却向我们保证，面对一只大猩猩的危险性还不如在伦敦过马路呢！

可惜的是，大猩猩的双臂比起双腿来说实在太长，冒犯了人类对比例美感的追求，若非如此，它们定能在"俊美"这项成绩上多拿几分。年轻大猩猩看起来就像一只长了啤酒肚的泰迪熊，这样如何有资格登上美的大雅之堂？但无论如何，只要评审不偏心，至少大猩猩绝不会被划入丑陋一族。

大猩猩的视觉、听觉和嗅觉都不算灵敏，强健的体格使它们有恃无恐。它们的聪明程度要视外界情况而定，在实验中，只要施以适当的刺激，它们潜藏的智力就能被唤醒、被解放。无论是动物还是人类，我们所遗传到的能力里都包括储存起来未被使用的智能，"如果能够不受饥荒、疾病或其他事物影响"，大猩猩的寿命或许能比人类长很多。

大猩猩素有凶蛮之名，但其中大部分都是误解。据巴恩斯先生说，野生大猩猩都是"虚张声势的高手，但其实一点都不想面对实际冲突"。在斯堪的纳维亚半岛上的一次探险活动中，曾有至少十四只大猩猩遭到射杀，就算号称这是为了科学，也不禁让人怀疑如此滥杀是否有其必要性。

巴恩斯先生为此事下了一个更具人文意义的脚注："在狩猎这些大猿的过程中，任何有一点人性的人，都会或多或少感到杀死它们就和谋杀他人一样。它们如此像人、如此有趣，年轻大猩猩对危险毫无防备之心，年老大猩猩浑身上下充满好奇心，人们怎么能把猎杀这种生物当成一种纯粹的休闲呢？"

近来有人讨论能否在刚果地区建立大猩猩保护区，即使此事八字还没一撇，仍让人闻之欣慰。即使我们无法让大猩猩与自己的老祖宗居于平等地位，但仍认为自己有责任照料、保护它们，且世上还有哪种生物，更值得人类付出全部心力去守护呢？愿天佑它们！

※　　　※　　　※

心理学家沃尔夫冈·柯勒[1]也曾有幸得到研究黑猩猩的机会，他跟我们说了以下几个故事：即使自身十分瘦弱，一只黑猩猩也会拼尽全力向管理员求情，试图阻止他惩罚另一只黑猩猩。有一次，一只残废的小黑猩猩不支倒地，另一只母猩猩立刻跑去帮忙，这两只

---

(1)　沃尔夫冈·柯勒（Wolfgang Köhler，1887—1967）：德国著名心理学家，他以黑猩猩为研究对象设计了一系列实验。

动物之间并无母子关系，但这只母猩猩却表现得如同慈母，花了大量时间与心力，只为帮助瘫倒在地的小黑猩猩重新直起身来。其他还有许多黑猩猩对彼此表达善意与情感的例子，不胜枚举。

在某个实验中，柯勒教授会在关了一只黑猩猩的笼子前方的沙地里埋下一个梨，全程让黑猩猩看到他的所作所为。经过一段时间之后——每次进行实验时，这段时间的长短都不同，最长可到一个小时——柯勒教授再把一根竿子放入黑猩猩笼中，笼里的黑猩猩总能立刻抄起竿子，伸到沙土里把梨挖出来。这种表现绝对称得上智能行为。

另一个实验与此十分类似，只是将埋梨与给棍子的间距拉长到十六个小时。接受实验的数只黑猩猩也都能在机会出现时立刻把握住，执竿挖出藏在沙中的梨。经过与对照组的比较，我们可以毫无疑问地说黑猩猩在此展现出智能行为，在这个过程中，它不但运用了记忆中某样想要的东西的画面，还必须精准操作工具，同时准确记得宝藏被埋藏的位置。只是，只要我们认为"理性"一词所指涉的层次超越了一般智能，我们就不会说黑猩猩挖梨的行为里有任何蛛丝马迹显示出它具有理性能力。

黑猩猩是树栖动物，不过时不时就会跑到地面上活动。它们日夜都在树丛枝丫间度过，下到地面通常是为了挖掘块根、块茎当餐点，或是为了从一棵树迁移到另一棵树上。入夜后，黑猩猩会在离地四到六米的高度找寻一根枝叶鲜茂的枝丫，在那儿一觉睡到天明，然后在清晨和猴子一起放声啼叫。尽管它们常爱乱吼乱叫，但也能一声不吭地待在树上吃东西，不会把食物掉在地上，以免藏身处被发现。

卡思伯特·克里斯蒂（Cuthbert Christy）博士曾写道："黑猩猩白天通常在大树上度过，力行'享受生活'的信条。它们要么采集嫩枝和水果来吃，要么在朋友身上毛手毛脚，对彼此扮扮鬼脸，或是漫无目的地荡着秋千，有时还会在横倒的树木上头打盹儿。一旦有什么风吹草动，胆小怕事的年长雄性黑猩猩就会抛妻弃子，耍弄几手特技功夫，从树顶一下子荡到地面，然后沿着地表溜之大吉。它一急就会用那壮硕的手臂将自己推离树身，或是将挡路的树枝、藤蔓扯到一旁，但并不会用手臂辅助奔跑。"黑猩猩留下的足迹里通常只有后脚印，这让我们清楚知道它并不需要使用前肢来辅助行走；地面上偶尔也会出现一两个指关节印痕，那是因为它在森林中一边游荡一边捡拾叶子。

在某些例子中，黑猩猩的行为在我们看来似乎已接近拥有理性的程度。W. T. 霍纳迪说过一个故事：有只名叫多鸿（Dohong）的被人类豢养的红毛猩猩，似乎能在发现杠杆的使用方法后感到无比快乐。"实实在在就如同阿基米德发现螺线原理一般。"霍纳迪博士如是说。尽管要说多鸿对"原理"有所认知显得过于夸张，但实际情形确实十分可观：多鸿先是自己找出使用某个杠杆的方法，然后就想自己制造别的，甚至是体积更大的杠杆；这样的行为已不仅是针对当下环境做出反应，可以说是非常聪明了。它能应用早先学到的经验教训，在情况不同时解决新问题。

多鸿个性纯真如天使，却能用自制杠杆拆掉笼子的撑架，破坏阳台上两个大型动物的睡箱，过程中还满心欢喜。它无法从笼子中探出头，因此看不见隔壁住屋的内部情况（这是个非常自然的欲望），此事让它在好长一段时间里闷闷不乐。"就在它发现杠杆作用之后不久，它就把笼子里秋千的横木荡到栅栏上方一角，将横木插入第一条栏杆与分隔两个兽笼的钢柱之间，然后不费吹灰之力就把两根栏杆向外扳弯了。这样一来，它有了一个大到足以让它轻易探出头去的空隙，终于可以偷看邻居看个够了。"如果说有哪只动物是以动手动脑攻克难关为乐，那就非这只红毛猩猩莫属了。

总而言之，我们必须承认猿猴拥有一颗运作不息的精明头脑且乐于尝试。有时它们还能长久记住某件事情，且能理解事物之间的相互关系，因此能将在某处得到的经验运用到其他类似场合。简言之，某些猿猴的表现，显示出它们具有高度的智能。

第二章

英国哺乳动物的生活形态

哺乳动物都会分泌乳汁育儿，其中大多是身披毛发的四足动物。英国的哺乳动物分为食肉目、食虫目、翼手目、啮齿目、头上长角的有蹄类动物，以及鲸豚一类的哺乳动物[1]。这份名单并不长，但本章篇幅也不足以涵盖所有成员，因此只能选出每类中的代表动物进行介绍。

蝙蝠

英国本土的蝙蝠有十几种，广为人知的有大蹄蝠、小蹄蝠、家蝠、宽耳蝠、欧亚夜蝠、棕蝠、髭蝠、纳氏鼠耳蝠、水鼠耳蝠以及长耳蝠。它们是唯一真正拥有飞行能力的哺乳类动物，且浑身上下还有许多其他特质。

蝙蝠的翅膀由两层皮肤构成，通常从肩膀处开始生长，一边沿着手臂上缘延伸到大拇指根部，同时长在修长的掌骨与手指之间；另一边则沿着身体侧边一直长到后腿上部，有时甚至会延伸到尾巴上（如果这只蝙蝠有尾巴的话）。它们的胸肌长在胸骨处一块小型龙骨凸起上，十分发达，利于飞行。它们的大拇指上生有指爪，但其他手指均无，只有某些以水果为主食的蝙蝠食指也带爪。英国所有

—————
(1) 译注："头上长角的有蹄类动物"是偶蹄目，"鲸豚一类的哺乳动物"则属于鲸目。后文提及的鼩鼱后来成为独立的"鼩形目"，但在本书作者的年代，它们还被归为食虫目。

的蝙蝠都是食虫动物，白齿上长齿峰，这是用来帮助嚼碎虫儿的凸起物。相对前肢而言，它们的后肢十分孱弱，主要的功用是将自己倒挂起来睡觉。它们的膝盖能够像人类的手肘一样向后弯，五只脚趾上都长着爪，两条后腿与尾巴之间通常有个由皮肤构成的袋状器官（股间膜）。它们的皮肤极其敏感，因而能够在黑暗中灵敏闪避物体。它们的体温很高。雌性蝙蝠通常一胎只生一只，它们会将小蝙蝠带在身上四处飞行。

大耳蝠（*Plecotus auritus*）的耳朵几乎与身体等长，耳部被称为"耳屏"的内皮片也极长。它的身上有丝般的棕色长毛，但耳朵上没有。肚子饿时，它大多是在树枝间寻觅小昆虫为食。此外，它会用折叠整齐的皮翼遮掩长耳，并将全身包裹起来，只留耳屏突出在外。

马鹿

要说英国最美丽的哺乳动物，可能就非马鹿（red deer）莫属了。它在站立时肩部离地面有一百一十到一百四十厘米高，身长可达一百八十厘米以上。它的体重虽可达一百九十千克，但一口气能跑八十千米，且能攀爬陡峭山岩如履平地。这种动物散发出优雅的气息，自信昂首，脚步轻捷。它能轻松跳过两米高的篱笆或六米宽的沟渠。英国乡间有一个常见的地名是哈兹立（Hartsleap），意为"雄鹿跃过"。除此之外，马鹿还是游泳健将及勇猛的战士。马鹿身上的毛在夏天是红棕色的，短而有光泽；入冬后则变成长而粗糙的灰褐色毛。通常小鹿出生后身上都带着斑点，等到它们度过生命中的第一个春天后，这些斑点才会消失。它们居住的矮树林间会有阳光细碎洒落，这些花斑幼鹿正好能与这片光影融为一体，让自己隐身其中。在多数情况下，如果某种动物在年幼时拥有的某些特征在成年后消失，我们就可以推定这是它们的老祖先旧有的特质。因此，马鹿的祖先身上很可能长着斑点。

一年之中，雄鹿和雌鹿在大部分时间里都各自分开生活。雄鹿常出现在地势较高的地方，有时我们能看到它们兀立于山脊上，被无垠的天空衬映出轮廓。鹿角每年都会生长，生长期一直延伸到约八月初，角上原本覆盖着的一层满是微血管的绒毛，此时也会坏死剥离，被雄鹿在树干上或泥沼里蹭掉。"咆哮之日"（the day of roaring）在九月底到来，雄鹿们纷纷向同性下战书、跟异性调情；敌手之间展开凶蛮决斗，最后的胜者能赢得数名"美人"。怀孕的雌鹿会在五到六月分娩，然后将新生儿（通常一胎只有一只，极少双生）藏在石南或蕨丛里，或是利用倒地的树干加以遮蔽。

鹿角是雄鹿的专属特征（只有驯鹿两性都有鹿角），是从额骨里直接长出来的硬质构造，每年都会脱落然后重生，就像树叶一样。小鹿第一次长角是在它们八到十个月大、仍然跟着妈妈的时候，此时它们头上只会长出两个结节并由此定形。到了第二年，小鹿就会另外长出一根不分叉的鹿角。第三年，新生的鹿角会从接近主支根部处向前（并向上）长出第一根分叉（或称眉叉）。第四年，这根新分叉上又会长出一根"第三叉"[1]。之后依此类推，每年新长出的鹿角都会出现更多分叉，直到雄伟、壮观的鹿角完全成形，而在此之后，这只雄鹿就会逐渐丧失每年长出新鹿角的能力。

一根完全长成的鹿角上面至少应有主支、眉叉、第三叉，以及最顶端的三个小分支，但有些鹿角上面可能有多达十几、二十几个分支，令人叹为观止。

鹿角上覆盖着的绒毛皮温度极高，甚至到了炽热的程度。这层

---

(1) 英文为"tray tine"，其中"tray"是由法文里的"三"（trois）变化而来的。

皮肤非常敏感，能够预防雄鹿一不小心把鹿角敲在树干上折断或使鹿角的生长出现异常状况。一旦鹿角开始生长，一套全自动的机制便同时开始运作，阻断通往绒毛与角骨质的血液循环，于是整根鹿角到了三月时就会自然脱落。

人们通常觉得鹿角就是武器，但其实无角雄鹿仅用牙与蹄也能发挥十足的战斗力，或许鹿角只是用来炫耀自己满溢的男子气概的工具罢了。小鹿有时会遭到狐狸或老鹰猎杀，不过成年马鹿基本上没有天敌。如果我们要坚持"鹿角武器说"的正确性，那就难以回答"为什么雌鹿没有鹿角"这个问题。况且，雄鹿在打斗时其实更常使用前脚与牙齿，而非鹿角。我们在野外很难发现脱落的鹿角，其中一个原因是雄鹿会找一处植被浓密的隐秘场所卸下鹿角，因为此事令它们黯然神伤，只想寻得僻静之处独自面对；另一个原因是雄鹿会啃咬脱落下来的鹿角，这些鹿角上有时可见清晰的牙痕。

说到马鹿，我们就会想到山地与沼泽，这样的联想基本正确。不过严格来说，马鹿本是住在森林里的动物，这样的它竟能在埃克斯穆尔高地、苏格兰高地等较为开阔的地区生存，也足以说明它具有何等健壮的体魄。树叶是它们最爱的美食，比如菩提树、山毛榉、桦树、赤杨木与榛树的叶子；不过，碍于现实条件的限制，它们也常只能靠青草与灌木枝叶果腹。长距离移动对它们来说易如反掌，因此，在晨昏时分看见它们徜徉在田野或果园中寻宝，甚至是跑到遥远的海滨舔食石头上的盐分，我们也并不会惊讶。橡实、苹果、卷心菜、胡萝卜、马铃薯、芜菁一类的农作物可都是马鹿眼中的珍馐，如果没有足够高大的篱笆将它们隔绝在外，马鹿绝对有本事把农场搞得一片狼藉。

理查德·杰弗里斯 [1] 在其著名的《马鹿》（*Red Deer*）一书中

---

(1)　理查德·杰弗里斯（Richard Jefferies, 1848—1887）：英国自然史作家，擅长描写英国农村生活。

写道，同样面对芜菁大餐，雌鹿会像羊一样吃得干干净净，雄鹿却是浪费食物的讨厌鬼。"当雄鹿走过芜菁田时，它会咬住一棵芜菁，将它从土里拔出来，然后就往肩膀后头甩，这个仰头向后甩的动作会让它咬住的那一块芜菁脱落下来，而它就只吃那一块。每一颗芜菁它都只咬这一口，其他的就如上述一样往身后丢去。只要看到路上都是被拔出来的、只咬过一口的芜菁，你就会知道某只雄鹿曾行经此地。这种可厌的行径会让它造成的破坏远超过实际食量。"附带一提，对马鹿来说，一年中最艰苦的时光，就是大雪覆盖地面的时候。

曾以不列颠为家的大型哺乳动物中，只有马鹿存活到了现在。在我们眼中，它们就像家系古老的可敬贵族。它们体格精壮却心细如发，知道以重复穿越同一条河流的方式隐藏自己的气味，也懂得要背对大石战斗，以防敌人从后方偷袭。危险接近时，雌鹿会发出"不啊"一声惊叫，警告幼鹿伏低屏息、不要出声；成鹿甚至会以强硬的手段把好动的幼鹿压入蕨草丛中。在鹿群中，雄鹿负责站岗放哨，它们拥有极其敏锐的视觉与听觉，在一千米外就能嗅出人类的气味。

若与我们在泥沼中发现的古老遗骸相比，今日的马鹿不但体形变小，骨骼与鹿角也不似老祖先那般粗厚，这些变化可能都与森林不断消失有关。我们只能期望马鹿体形发展的趋势不再恶化，它们还能继续生机勃勃地在沼泽中生活。毕竟，能作为这些高贵生物的保护地，可以说是英国沼泽存在于这个世界上最高尚的意义。如同杰弗里斯所说："一只生着傲人巨角的雄鹿，它的美在生物界中无与伦比；它身披红金色皮草大衣，体态与举止都流露出优雅气质。那似乎是天生的王者风范，蕨草峡谷、橡木林和生满灌木的宽广山坡都是它的属地。"愿马鹿的光辉在世间长存！

狐狸

在许多民间故事中串场的"狐狸列那"（Reynard the Fox）是古代不列颠大型林栖动物中幸存到今天的少数成员之一。不仅如此，英国最后一匹狼已在一七四三年前后遭到猎杀，于是狐狸就成为食肉类犬属动物中唯一尚存的代表[1]。以上两个原因使得它成为本书选出的代表，而这代表也不负众望。瞧瞧它那美好而多变的皮毛，表面呈红棕色，底下则是白色；再看那顶端尖细的口部，透露出它喜爱四处探查打听的天性；还有那背面黝黑的巨大三角形耳朵，告诉我们这是一种多么机警的动物；最后别忘了那根蓬松的长尾，它的长度可达身长的一半（狐狸身长近一米）。

就算我们可能因为家禽受的祸害而怪罪过狐狸，但也无法否认它是最好看的野生动物之一。同是犬科动物，狐狸的体形比狗大了不少，模样也更为美观。

狐狸都是独行侠，平时两性分居，只在交配期同行，就连打猎都是各自为政。它们通常自己挖地洞为家，但有时也会利用天然洞穴或獾留下的洞栖身。一般而言，狐狸总会利用夜色作为掩护，或是在黄昏、清晨的微光中狩猎；也正因如此，尽管它们狐口众多，却不常为人所见。狐狸时常潜伏在枝丫纠缠的林木间，人们可能每天经过却毫无察觉。它们一晚可行千里，为了取得所欲之物，能展现出惊人的胆识与聪慧。据说，被紧紧追逼之时，狐狸能以每小时三十二千米的高速奔跑。此外，还有不少故事告诉我们，狐狸有本事在出人意料之地藏身——包括溪水之下——害得猎犬铩羽而归。众人皆知它感官灵敏、心思机巧，它是狗的堂兄弟，但可说更胜一筹。

---

[1]　译注：原书中狐狸的学名为 *Canis vulpes*，但现在狐狸已跟其他犬属动物（狗、狼等）分家，自成"狐属"，因此学名也变成了 *Vulpes vulpes*。

讲到饮食的广泛程度，狐狸也不遑多让，毕竟如果它能在各种环境下取食饱餐，可是对生存大有裨益的。兔子、老鼠、鸡、鸭、雉鸡、鹧鸪、羔羊、野兔、田鼠、水鼠、沼地的松鸡、泽塘的青蛙以及海滨的螃蟹，都能列入狐狸的晚餐菜单。曾有记录说狐狸也会纡尊降贵品尝昆虫，但这种行为就像人类吃蝗虫一样，只是为了尝鲜。狐狸的牙齿与狗十分形似，数量也相同；它有两个显著特征：一个是尖锐的犬齿，能让它紧咬猎物取命；另一个是上下颌左右两边都有的锋利臼齿，能够让它嚼碎细薄骨头、咬断筋腱，或是从大骨上刮下兽肉残渣。

和食肉目中的其他许多成员一样，狐狸尾巴下方也长有臭腺，能够排出微带黏稠感的分泌物，其气味不仅令人敬而远之，就连一些野生哺乳动物也会被熏得退避三舍。这种气味或许能帮助狐狸辨认住在附近的同族邻居或是其他狐狸的行踪，但也有证据显示，它有时会像臭鼬一样，用恶臭逼使敌人绕道而行。

"装死"是狐狸的另一种不凡习性，它能在遭受攻击后以歪七扭八的姿势倒地不动，待机会来临时就一跃而起拼命奔逃。其他动物也有此习性，通常是由于某种生理机制导致它们昏厥或全身僵直，但狐狸装死的行为很可能是计算过的欺敌之举，它跳起之后常不忘干净利落地朝攻击者咬上一口。

冬季是狐狸的繁殖期，雄狐会为争夺心仪的对象打得天昏地暗，在这场比武大会中，它们也会用尾巴扫向敌人的双眼。雌狐孕期约为两个月，在三月底或四月初产下三到七只幼狐。幼狐从降生到睁眼之后不久都通体乌黑，然后表面毛发转为黄褐色，内里则变成烟灰色；还要再过很长一段时间，它们的体色才会变得和双亲一样。

不到一个月大的幼狐只喝母乳，之后就由母亲喂食老鼠、田鼠和其他较软的肉。雌狐为了养家糊口不惜冒险犯难、奔忙不倦，有人曾目睹一只雌狐口中咬着六只田鼠跑回家。这些整天玩耍的可爱幼狐会在母亲身边待到九月，在此期间，雌狐会和食肉目的许多母亲一样教育小孩。无论是母亲的教育还是同伴之间的玩闹，都在为它们打下良好的基础，以便未来能够适应独立求生的苦日子。等时候到了，雌狐会斩断母子之情，将幼狐逐出家门，令其自力更生。它们离家后分道扬镳，处处受人冷眼，只能寻找没人要的地盘待着。

狐狸直到十八个月大才算真正成年。前文提到的幼狐玩乐很可能会在谋生过程中发挥大作用。此外，狐狸有时会像白鼬一样，在兔群面前做出种种怪异行为（如追着自己的尾巴跑），让满是兴趣的兔观众看得出神，接着这只狐狸小丑会突然化作凶神，一口咬断兔子的喉咙，让它知道何谓"乐极生悲"。

※　　　※　　　※

狐狸是羔羊杀手，尤其在山坡牧场上更是大患，此事无人可替它们开脱。人们曾在狐狸窝里发现小羊遗骸，而且其他旁证也都支持此项指控。更糟的是，狐狸偶尔会像其他食肉动物一样"杀得性起"，导致远远超过它食量的羊儿惨死。在我们看来，当杀戮本能开始作用，而现场又有源源不断的刺激品时，灾难就会一发不可收拾。此外，我们也该想想，对于一只野生肉食动物来说，见到原野上数百只羊的壮观场面，对它们来说是何等不可思议！原始自然界绝不可能出现这种景象，即便是野生羊群也不会这样大规模聚在一起。

人称狐狸为"畜栏夜盗"，但或许这些"畜栏"中以家禽饲养场最常被光顾。若从自然史的片面角度来看，狐狸以智取胜，肆意劫掠小鸡、小鸭、小鹅等家禽，这种场面其实饶有趣味。但那些受害的农场主又如何能作此想！遭狐狸肆虐后的兽栏通常损失颇大，尽管有时凶手或许另有其人，狐狸只是在人类的刻板印象之下背了黑锅，但狐狸窝巢里的确曾发现受害者尸身，这也是不争的事实。

许多在地面筑巢的野鸟，如雉鸡、鹌鹑与松鸡，也会遭受狐狸袭击、伤亡惨重。这是狐狸背负的另一项罪名，而此事同样无可抵赖。因此，我们很容易理解为什么在沼泽地这种盛产野味的地区，人们必须严格控制野生狐狸的数量。这些野生生物之间相互影响的效应十分奇特，要说"狐狸数量越多，雉鸡数量就越少"的确没错，但反过来讲，"雉鸡（或想保护雉鸡的人）数量越多，狐狸数量就越少"这句话也同样成立。

对狐狸的最后一项指控则复杂得多。某些乡间地区是上流社会人士的猎狐场地，这些地方的狐狸因此受到保护，甚至到了危害当地农业的程度；而猎狐活动本身也可能会对耕种中的田地造成破坏。在大部分情况下，只要有证据显示所受损害是由狐狸或猎狐者造成的，农人都能得到赔偿。猎狐活动本身并非科学所要讨论的，但如果猎狐活动不再举行，这些地方的狐狸很有可能随即被猎杀干净。这就像火鸡的例子：野生火鸡原本已几乎消失、大势无可挽回，直到最近才出现一点转机[1]；在此之前，火鸡能够继续存在，都是靠人类为它们披上驯养的甲胄。狐狸也是如此，它们之所以能在农业高度发达的地区生存，都是因为它们的猎物身份！

英国哺乳动物的种类本就不多，如果连狐狸都消失，实在是本国整体的损失。狐狸与表亲狼不同，狼生性凶狠，会威胁居民安全，但狐狸并不是这种动物。狐狸确实常损害人类的财产利益，但远不及鼠辈为患造成的后果。所以，除了说它是一种有趣而美丽的动物，以及说它能增添人们的狩猎乐趣，我们还能怎样替狐狸讲情呢？其实还有件更重要的事，那就是狐狸能帮助自然界维持整体生态平衡，它会捕食兔子、老鼠，控制这些生物的数量。我们前面提过，为了育儿忙碌不休的雌狐一口气咬了数只田鼠回家，光是这些为人类除

----

(1) 译注：据推测，火鸡数量增多与一九二九年的经济大萧条有关，该时期很多乡下农夫抛弃田庄远走，于是野生火鸡又有了比较多的栖息地。

害的功绩，就足以抵掉它们的不少过错。但与此同时，狐狸的数量也的确应该加以控制，这是必要的结论。

住在低地的狐狸体形较小，栖息于山区的则较大，这可能是因为在高地与纬度较高地区求生较为艰苦，活下来的个体都是百里挑一的，但低地狐狸则因猎狐活动而受到保护，因此造成两者的体形有所差异。除此之外，品种差异也有可能影响体形大小，要知道英国许多狐狸的祖先都是从欧洲大陆来的，自然和原生种不甚相同。

本节结束前，还是有些话必须强调：狐狸从上新世早期就已在不列颠定居，长久以来不断遭逢祸患，尤其是它们原本栖息的大森林遭到彻底破坏，此事可以说是对它们最严酷的考验，但它们总能克服万难生存下来。迅捷、灵敏、穴居与夜行的习性，育儿与教育下一代的行为，这些特质都是它们赖以存活的法宝，但在某种程度上，狐狸能够延续血脉至今不绝，也是它们善用聪明才智得到的结果。

想想，狐狸懂得消除自己留下的气味，能够装死而在最后一刻伺机逃脱，能破坏陷阱全身而退，还能像个破布袋一样随水漂流，直到寻得安全地点上岸。综上所述，我们就知道培根所说的"政治家应研究狐狸行为"的话有理有据，而且我还要大力推荐约翰·梅斯菲尔德[1]的《狐狸列那》（*Reynard the Fox*）一诗[2]作为参考，毕竟科学只能对狐狸的心思加以推测，但这首诗能让我们感同身受。

（1）约翰·梅斯菲尔德（John Masefield，1878—1967）：英国诗人、小说家、剧作家、记者，代表作为《海恋》（*Sea Fever*）。
（2）本诗描述狐狸躲避猎人追猎的过程，呈现了在角逐与互相拉锯之中达到平衡的自然与人。

野兔

只要看见三月兔在原野上奔跑，我们就知道春天一定来了。这些兔子几乎被求偶、交配的本能冲昏了头，它们在这个时节里不但焦躁、敏感，而且胸中热血奔腾，和平时脾气大为不同。

欧洲野兔可以说是动物界中温和的贱民，所有人都想攻击它，但它却不与任何人为敌，除非被激怒到极点才会反击。狐狸、水獭、白鼬、猎犬，还有各式各样的猛禽都是它的天敌，这还只是名单中的一部分——雪貂和野猫过去在英国野外十分常见，那时，野兔的处境比现在更为危险。

我们若以此推论野兔总是活得惶惶不可终日，那可就错了，因为它天生拥有非凡的避敌能力，也知道如何善用。它会选择视野良好之处憩息；它的眼力极佳，还是个顺风耳兼好鼻师；它会磨动门牙向同伴发出警报；它的心脏能让它在察觉危险时立刻以全速奔跑；爬坡是它的拿手强项；它会以锯齿状路线逃跑，连狐狸都能被搞得晕头转向；它一受惊吓就如流星般消失无踪。在蕨丛、牧草原或犁过的农地上休息时，它们能与周围环境融为一体，只有那双瞪得大大的眼睛比较显眼。野兔皮毛不易干，因此它们很讨厌身体被弄湿，但若为了摆脱追兵或是佳肴当前（如麝香花或黄金菊），它们也愿意横渡宽广河流。野兔都是美食家，嗜食嫩玉米、蓝胡卢巴、野生百里香与香豌豆，但除此之外，它们也能以各式各样的食物过活，从石上苔藓、金雀花嫩枝、蒲公英到悬钩子莓果都可果腹。如果一种动物能以多样化的食物维持生命，这总能助它在生存之战中取得最后胜利。

我们前面已经说过，欧洲野兔有无数天敌，但上天也赋予它们功能良好的感官与肌肉，还有许多本能花招，能让它们以机巧的方式击败敌人。以下我们举三个例子，证明欧洲野兔的天赋才能：它在离开或回到窝巢时总要远远一跳，这样它所留下的气味踪迹就会在距离住家一段距离之处消失，此法真是简单又有效。

依据记录，野兔能从栖身处一下跳到三四米远的地方，而它们在外活动时也常如法炮制，截断自己的气味踪迹。约翰·崔格森[1]在其佳作《野兔故事》（*Story of the Hare*）中有段有趣的记载：每年四月，刚出生的幼兔还无力自保，此时身为母亲的雌兔在野外几乎不会留下气味。另外，若雌兔一胎产下五六只幼兔，它有时会将孩子分到两到三个不同的窝里，每窝中有一到两只幼兔，真可以说是"不要把鸡蛋放在同一个篮子里"这一原则在动物界的奇异实践。若有其中一个窝巢陷于险境，如被某只饥饿的雌狐发现端倪，雌兔就会像猫一样用口衔着幼兔将其搬运到安全处，一次一只。此事当然是趁着月黑风高进行的，不过，野兔通常也都是在清晨或黄昏时最为活跃，对白日阳光唯恐避之不及。

野兔的特质就是躲躲藏藏，但只要三月一到，处于繁殖期的野兔就会屈服于性欲，将自保本能抛到九霄云外。原本谨慎的野兔会变得鲁莽无惧，一整天都将自己暴露在开阔处。雄兔四处飞奔，找寻害羞的雌兔，双方一旦相遇就开始绕着圈你追我跑。情敌若相见则分外眼红，不论是前掌的拳头还是后腿的踢击，全朝着对方身上招呼过去；还有一招是从对方头上跃过，在空中找准时机向后一踢——这招有时能要了对手的命。等到双方都因整日奔跑打斗而精疲力竭时，它们就会坐在地上互瞪一阵子，然后其中一方会突然跳起来，朝草原方向疾奔而去，一点都没有平日放开步子慢跑的自在优雅，其飞跃之姿反而予人横冲直撞之感。见此景，人们总会会心一笑，说这果然就是"三月兔"[2]的模样。

就算在其他月份，兔子也是一种爱跑爱玩爱打架的生物，但平

---

(1) 约翰·崔格森（John Tregarthen，1854—1933）：英国博物学家、作家。
(2) 指《爱丽丝梦游仙境》中和睡鼠、疯帽客一起开茶会的那只疯疯癫癫的三月兔。

时这些活动都在隐蔽处发生，而三月时节（有时连八月也是），这些为爱痴狂的野兔都如不要命了似的，恨不得让全世界都看见自己。连许多诗人都会咏叹皮毛脏旧、神色憔悴的野兔是一幅令人忧郁的景象，但其实这些小家伙的感受大概并非如此，它们总能保持欢愉乐天。

月色笼罩之下，有时可见幼兔快活玩耍，而野兔跳到黄鼠狼身上教训对方的无礼画面，绝对能让人的忧郁之情一扫而空。顺带一提，雄兔可是生性浪荡不羁，从来就不安于室的；它可能会跟某只雌兔有一段情缘，但随即就另结新欢去了。

野兔那快速的心跳、急促的呼吸，以及一对不断震颤的长耳朵，让它们全身都写满了"恐惧"二字。但我们可得怀疑：野兔的脾性中究竟有多少受恐惧支配呢？它有极高的警觉心；深谙"潜龙勿用"之道；从不轻易涉险（除了在三月）。总而言之，野兔能以有勇有谋之姿面对迫害，只有在无路可逃之时，才会发出最后那声撕心裂肺的号叫。

野兔（hare）与兔子（rabbit）之间有不少天南地北的差异，这两族之间也从无亲密之情。很明显，为了适应危机重重的生活环境，野兔在演化出许多独特能力的同时也抛弃了原有的掘洞习性（不过倒是还会做出一些类似掘洞的有趣行为）。野兔幼崽刚一出生就全身有毛，且能睁眼，迫不及待想要离巢，和兔子那一身光溜溜的新生儿完全不同。

在许多国家里，野兔已经成为"机警"和"伶俐"的代名词，而其中"机警"可以说是野兔的最大特质。虽然它们并不会"枕戈待旦"，但也绝少有松懈打盹儿的情形。它们似乎总是在锻炼身体，一般而言，生物皮下的某些部位容易积存脂肪，但野兔在同样的部位却没有一点肥油。

兔子

在野兔这种光芒万丈的亲戚身旁，普通兔子相形见绌。不过说句公道话，兔子的有些特点还是值得一提的。它们能被引入苏格兰和大洋洲，在这些气候差异极大的地方存活，本身就表明它们具有良好的体格。它们在爱尔兰繁殖兴盛，不过对它们而言，像斯堪的纳维亚这样寒冷的地区就不利于生存了。

我们可以确知，在冰河期之后的数百年间，英国都没有兔子的踪影。这段时期，兔子的大本营在地中海与伊比利亚半岛一带，因此它们很可能是随着征服者威廉[1]进入了不列颠。

快速繁殖能力是兔子成功的秘诀之一。它们借由大量繁殖后代取得生存优势。这并非什么特殊本领，要知道鱼类也能一次产下数百万颗卵，但无论如何，这总代表某些意义，其中一个就是兔子富有传宗接代的活力，而这种活力能与住在风干的斯提尔顿蓝纹奶酪[2]孔洞中成千上万的霉菌相比。雌兔一年可怀四到八胎，孕期不满一个月，每胎都能产下三到八只幼兔，而半年大的小兔子就已经又能为人父母了，这速度几乎快如菌丝繁殖。况且幼兔死亡率并不高，因此兔子优异的繁殖能力能使其数量迅速膨胀。

要说兔子聪明，可能很少会有人认同。无论"布雷尔兔"（Brer Rabbit）[3]是何来头，它都不是我们的欧洲野兔。许多国家的人认为它是精明而足智多谋的野兔，而北美洲人可能觉得棉尾兔才是它的本尊。

话说回来，兔子也并非一无是处，它拥有敏锐的嗅觉，生性机警，喜爱社交，在晚间更会展现出可人的活泼个性。它面对天敌

（1） 征服者威廉（William the Conqueror, 1028—1087）：英格兰国王威廉一世（William I）。

（2） 斯提尔顿奶酪是世界三大蓝纹奶酪之一。

（3） 美国作家乔尔·钱德勒·哈里斯（Joel Chandler Harris）笔下的兔子角色。

（如狐狸、白鼬、鸢鸟和猫头鹰）时缺乏勇气，但一位愤怒的母亲也可能为了护幼而背水一战，连狗都有可能被兔子咬呢！有时，当一只兔子四处张望，却看见白鼬在自己身后时，它就只会僵在原地惨叫——这种在恐惧笼罩下瘫痪的习性对求生实在没有什么太大好处。不过，兔子也会发出另一种警报，一旦察觉到暮色中有危险逼近，成年兔子就会将白尾巴高举弹动，引导小兔子尽快返回地洞。

有记录显示，一对兔子至少能有一年时光对彼此不离不弃，不过此事并非常态。对于大洋洲兔满为患的状况，威廉·罗迪耶[1]提出的解决之道是尽可能地捕杀雌兔，但对雄兔不加理会。这种方法进行区域性实施后的结果显示，雄兔会杀死没了母亲保护的幼兔，两性数量也因雌兔大量死亡而变得极其失衡。但在大洋洲这样广大的地区，要想永远去除这无端在生态之网中纠缠不清的祸患（兔子约在一八六〇年被引进大洋洲），唯一的办法或许是增加农业人口。

兔子很容易被人类驯养，这一点可以说是它们的好处，它们不仅能在人工环境中顺利繁殖，自身还能出现无穷变化。

我们可以从原本的野生兔子中培育出大量变种，如广受喜爱的比利时野兔（有个以讹传讹的说法，认为这是血缘介于兔子和野兔之间的品种）、娇小的荷兰兔、佛来米希巨型兔、漂亮的安哥拉兔（通常长得像生有丝绸般白色毛发的拖把）、耳朵贴着头部两侧垂下的奇特垂耳兔、喜马拉雅兔、巴塔哥尼亚兔、西伯利亚兔、鞣兔等，数不胜数！野生兔子那美丽的毛色是由无数遗传因子导致的，去除其中一个就能让毛色变异，若去除两个就能造成另一种毛色变异，依此类推，我们已育出黑、白、黄、甚至是灰蓝色、玳瑁花纹及其他颜色的兔子。

当这些变种彼此交配后，它们的后代身上可能会再次出现野生

（1）威廉·罗迪耶（William Rodier, 1859—1936）：十九世纪末、二十世纪初，他在大洋洲南部一带热切教导并说服别人怎样以最佳方式防治兔子，在当地非常出名。

兔子毛色，这不是什么神秘的返祖现象，只是野生种原有的遗传特征本就在变异种身上不断排列组合，此时的组合结果恰好与野生种原有的形态相同。正因如此，在变异种的后代身上，有时会随机重现野生先祖的毛色。

将兔子与野兔相对照能帮助我们清楚了解物种差别在自然史中的意义。兔子的腿比较短，跑步姿态也与野兔不同；野兔耳朵较长，兔子没有它们耳朵尖端那一点黑；兔子是群居动物，通常住在地洞里，野兔则独来独往，偏好在露天窝巢中栖身；刚出生的兔子全身光裸，且整整十一天目不能视，但野兔一出生就能睁开眼睛，毛发已然长齐；兔子以后腿踏地发出警报声，野兔的做法则是磨动门牙；兔子远较野兔多产，食物范围也更广，且声音、毛色和性情都不同。此外，兔肉与野兔肉尝起来完全不同。由以上不同之处，我们不难相信这是两个完全不同的物种。它们之间无法杂交生殖，而生性讲究的野兔不愿在受兔子污染的草地中栖息，这才是兔中绅士的品格啊！

兔子的生命与人类的生活在多处交错，它们是农作物与小树苗的大敌，但也能贡献嫩肉与精致的毛皮。它们能把肥沃农地变成荒漠，但也是世上最有效率的高尔夫球场制造机。它们是医学院学生赖以求知的教具，也是学习射击者眼中最佳的活靶，更别说兔宝宝曾亲密陪伴多少人度过童年时光了。

獾

獾（badger）的家系源远流长。它们作为英国山坡地原生动物的一员，即使遭受种种不利因素影响，仍能与我们共存至今。在英国某些乡野地区，野獾族群势力仍算稳固；但整体来说，它们在英国只是幸存罢了。

英国到处可见"布罗克斯特"（Brockhurst）这个地名，这证明獾曾是英国常见的动物，因为"brock"其实就是"獾"的意思。在这个田地不断扩展、林地不断缩小，且人们克制不住要将任何奇特有趣的生物杀了带回家当战利品的国度里，獾这种大个子的动物为何没有兵败如山倒？它们为什么能够存活下来？要谈此事，首先必须说：它们已经转变为活在暗影之中的夜行生物，过着近乎自我抹消一般的生活了。就算太阳已经下山，它们也宁愿在干沟或树篱一侧的隐蔽处移动，不愿现身于开阔之地。它们的毛皮是斑驳的灰色，具有迷彩隐身的效果；就连它们头上那一道显眼的白纹，在夜间也难以看清。

更何况，獾还具备诸多优良德行。它拥有精壮的肌肉、强健无比的心脏与循环系统，以及良好的呼吸功能。它的颞颌关节窝槽极深，因此下颌几乎不可能脱臼，咬力之强更是无人能出其右。獾身上的厚毛能够让它安度严冬，体内储存的脂肪也能助它一臂之力。进一步说，獾还有天赋的敏锐感官、狡猾的智巧以及处变不惊的能力。它外表看似一派轻松，其实时时都在留神周围；它做事既谨慎又奸猾；有坚持到底的精神，但不会因固执害人害己，更不会浪费精力大惊小怪或焦虑不安。这种生物可以说从头到脚都很特别，而且具有强烈的个人风格。

和水獭一样，獾也是不挑食的生物，这是一个十分有利于生存竞争的条件。如果原本的食物短缺，它能以其他食物替代，如块根、水果、蠕虫、蛴螬、青蛙、蛇、鸟蛋、兔子、胡蜂巢里的幼虫、蜂蜜等。獾的另一个活命诀窍是它的穴居习性，毕竟在地面栖息的动物若能暂时从地面上消失——如爬上树或钻下地——都能为它增添求生优势。在那覆满矮树丛的山坡地上或是森林深幽之处，地下常有错综复杂、其深无比的獾洞，一个獾洞可能有好几个入口，不同窝巢间有时也会互相连接。

只要仔细观察，我们就不得不齐声赞叹獾的良好卫生习惯。它进地道前总会先将手脚擦干净，也从不在洞里大小便。到了春天，若有新生儿即将降生，獾更要将家中内外先来场大扫除，雌獾顺利分娩后还会再清扫一次。某些博物学家有幸亲眼看见獾带着大把蕨类与干草回家把旧铺料换成新的，这绝不是某种肮脏粗鲁的动物能做到的事。

有时，为了增加住宅的安全性，獾会选择偏远的山坡顶端挖洞做窝，那里少有其他动物活动，而且石堆也能用来隐蔽洞口。这种生活虽类似隐居，但还有雪兔和雷鸟为伴；唯一的问题就是必须以苦行僧精神面对有限的食物选择，且为了觅食还得长途跋涉 —— 獾在一夜之间能走一万米之遥。

我们总倾向于说，獾妈妈施给它银灰色宝宝的教育，在獾族存续问题上贡献极大。在怀胎约二十八周之后（时间长短可能依情况不同而有极大差别），雌獾在春天诞下幼崽，一胎只生两到三只。九到十天大的幼獾已能睁开眼，胃袋也受过母乳洗礼，此时，它们会被带到洞外好好梳洗一番。接下来幼獾就得受教，而獾妈妈可是严师中的严师，凡是不专心或胆大鲁莽的学生都要受到惩戒，于是丛林生活的各式技艺就被一项项地灌输到了它们的小脑袋里。

獾这种肉食动物体形厚实、背部浑圆，整体来说长得和熊有些相似。它们的身长大约是半米，再加上二十厘米长的尾巴。它的嘴部修长，正适合三天两头往洞穴或角落里好奇钻探；耳朵圆而小，在灌木丛中穿梭时不会构成阻碍；它还有一双动物中最晶亮的蓝黑色眼睛。它在活动时，沉重的躯干总是离地不远，吻部也都压得低低的，足底更是贴地行走，是标准的跖行动物。尽管如此，它的动作却是轻巧鬼祟，且能长时间活跃不知倦息。

它的尾巴下方有特殊腺体，能够留下气味，或许这就是獾族亲友彼此联系的方式。它们生气时会吼、开心时会笑，夫妻之间还会像白鼬一样对彼此碎碎念。那些有幸近距离观察獾族生态的人都说它们爱嬉闹，而且雄獾如果发现自己忙得要死、雌獾却在偷闲的话，可是会大发脾气呢（反过来自然也是一样）！

我们十分确定獾不会冬眠[1]，不过它们在不得已挨饿的日子里倒常打瞌睡。对它们而言，降雪后的日子最难熬，因为雪上的足迹会让它们的行踪暴露无遗。

獾颇具个性，又总是神龙见首不见尾，因此常有民间传说。其中最怪异的说法就是獾的四肢长得一侧长一侧短，以便横越山坡。发明这种说法的人大概自以为聪明，却没想到这种长相的獾在归途上可是双倍难行！说不定这些人还要辩解，说这种獾回家时一定会绕路！人类的谎言对獾而言毫无用处，但人类倒是应当对它多一点赞美。说到底，这种总躲在暗处的老派生物可是古老岁月留下的珍贵遗产，值得我们敬重。或许，当我们抛弃那流行于父祖辈间的斗獾之习[2]时，就表示我们更能欣赏它们了。

林鼬

在日渐消失的英国哺乳动物中，不得不提的是迷人的林鼬（*Mustela putorius*）。它在食肉目中和熊、獾、水獭、白鼬同属一个大家族，虽然它的英文名（polecat）中有个"cat"，但它属于熊科[3]而非猫科，与各式各样、或大或小、或野生或家居的猫都没有亲戚关系。我们从体形上就能轻易辨认出林鼬，雄性林鼬身长六十

---

(1) 现在学界普遍认为獾有冬眠的习性。

(2) 欧洲地区有让獾与狗互斗的传统。

(3) 译注：现在貂、獾、水獭、白鼬已跟熊分家，自成"鼬科"。

厘米，其中有二十厘米是尾巴的长度，雌性则比雄性短了几乎三分之一。它身体表面的长毛又黑又粗糙，其功用可能是为底部的另一层黄毛遮挡雨水。林鼬的英文名是怎么来的谁都说不清，不过它的另一个名字"foumart"的来源却比较清楚，这很可能是"foulmarten"（臭貂）的缩写。林鼬有时也被称作"斑纹臭鼬"。

林鼬在欧洲北部地区十分常见，而从英国岩洞沉积物中发现的化石表明，它从上新世早期就已在此定居。很有可能，英国本地的林鼬在冰河时期绝灭，然后在大不列颠群岛脱离欧洲大陆之前，来自欧陆的林鼬又重新入主这片土地。现在，英国的林鼬再一次濒临灭绝，它们在喀里多尼亚运河以南已经极其罕见。这种有趣的生物为何逐渐消失？其原因包括可耕地范围拓展，以及它们是猎场管理员、禽舍主人欲除之而后快的眼中钉，而且它们还会不断重复使用同一条路径来回，这种轻率的态度可是水獭极少会采用的。

若非林鼬大部分是夜行生物且能适应各种不同食物，它们实在不太可能幸存至今。它在白天通常藏身在矮木林底、小岩洞中、木材堆深处、被弃置的小屋旁，或是借用其他动物挖的洞穴。在夜色掩护之下，它变得更加大胆，行动敏捷、悄然无声。

面对荤菜，它从不挑食。它是游泳健将，能从河湖里抓鳗鱼，也不觉得在沼泽里捕青蛙有失身份。它能运用巧智猎蛇，据说还对蝰蛇蛇毒免疫。它能从鸟窝里偷蛋吸食，也有本事跟踪兔子回巢。它猎杀老鼠的赫赫战绩必须得在功劳簿上记上一笔，但它对家禽饲养场的蹂躏也确实罪无可赦。

面对体形较大的猎物，它会咬住对方耳后或喉咙，此时大量鲜血会从颈动脉被咬断处喷涌而出，据说这是林鼬嗜饮之物。若对方体形较小，它会一口咬穿猎物的头颅，将其大脑视为珍馐好好品尝。在大部分情况下，林鼬会将猎物带回老窝，在安全环境下慢慢享用，但如果它已经饥肠辘辘，有时也会就地大快朵颐。林鼬之所以成为人们的心腹大患，是因为它会进入一种狂暴状态，毫无目的地不断杀戮，不把眼前所有目标屠戮干净绝不罢休。在这种状况下，它对鸡舍这类人造环境所造成的刺激绝非大自然中任何场景可比，而林鼬面对诱惑只有纵欲而无节制可能。

人类之所以会迫害林鼬到近乎绝种，实在事出有因。但从另一个角度想想，林鼬也有它的好处：一个是它能有效制衡老鼠与兔子这些多产动物的疯狂繁殖；另一个是它会猎取病弱或有缺陷的个体，因而起到某种筛选作用，让留下来的禽畜在整体体格、精力上有所提升（如在松鸡身上就有这种作用）。

除了在大自然物竞天择的过程中发挥筛选功效，林鼬那柔软灵活的身躯以及无穷的精力与胆识，也都值得我们钦佩。它和白鼬一样，天生不知畏惧为何物，虽然个性有点神经质，但绝不怕东怕西。它能单挑成年野兔、火鸡、鹅，如果被逼急了，就连人类也敢攻击。它的颈部和四肢非常强壮，且颅骨（尤其是雄性林鼬的颅骨）可谓造物主的得意之作。林鼬能够顽强求生，且有这么多优点，却因人为因素凋零至此，实属可惜。

人们把雄性林鼬叫作"hob"，把雌性林鼬叫作"jill"。冬日将尽时，正是它们的求偶佳期。到了五六月，就会有四到六只小林鼬从母亲肚子里降生，它们全身都带着暗黄色调的白毛，双眼紧闭，毫无自卫能力。

林鼬洞通常分作内外两室，一间作为储藏之用，另一间则是起居室。它们会细心养育后代，约六个月大的幼儿就会被带出洞外进行教育，一个月后，林鼬妈妈就会停止哺乳，此时小林鼬也早已练就十八般武艺，可以自食其力了。值得一提的是，雌性林鼬生儿育女后会立刻换上一身全新花色，雄性林鼬则会在当年稍后慢慢改换外貌，最后变成我们俗称的"黑雪貂"。至于它们身上那股恶臭，除了为它们赢得"臭貂"之名外，还有一部分作用是自卫。这股体味平时并不明显，只有当它被扰怒或是身处险境时才会出现。它们消化道的尾端有一对特殊腺体，专门分泌带有异味的液体，其熏人欲呕程度不亚于臭鼬的类似分泌物。

※   ※   ※

一般而言，人们都确信雪貂（ferret）是林鼬中经人类驯养的亚种，但其实这个说法未必属实。动物学权威 G. S. 米勒[1] 就认为，雪貂的血缘关系其实与住在西亚与北亚的艾鼬（*Mustela eversmanni*）更亲近。雪貂大多是白色的，没有掌管身体颜色或花纹的遗传基因，且由于虹膜缺乏色素，我们可以从外面看见它们眼睛内部的鲜红血液，这使得它们的眼睛呈现粉红色。雪貂中也有黑色的个体，模样与林鼬十分相像，但两者在颅骨与毛的形态上还是有些差异。雪貂比较吃苦耐劳，也没有林鼬那么神经兮兮。弗朗西斯·皮特[2] 女士曾写道："就气质与性格这些无形的特质来说，雪貂与林鼬非常不同。举例而言，雪貂就算自小未受人类照养，成年后依然容易驯化，但野生林鼬在成年后根本无法被驯养，就连非纯种的林鼬也要从小善加管教，以确保它们不会野性大发。雪貂平素温和好脾气，除非受到极大的惊吓，否则几乎不会排放出防卫用的臭味；但林鼬要起这种阴招来可从不迟疑。说到抗病力，雪貂也与林鼬不同，它们对于人工圈养环境中容易流行的某些疾病有较高的抵抗力，这点野生的林鼬就不如。"[3] 总结来说，皮特女士提出的事实

（1）　G. S. 米勒（Gerrit Smith Miller，1869—1956）：美国动物与植物学家。
（2）　弗朗西斯·皮特（Frances Pitt，1888—1964）：英国博物学家、作家与野外摄影先驱。
（3）　见《遗传学期刊》（*Journal of Genetics*），一九二一年九月。

证据，似乎与"雪貂是林鼬被驯养后的变异种"这一理论并不相符。雪貂与林鼬要杂交繁殖并不困难，产下的后代也具有生殖能力，与纯种雪貂、林鼬或其他杂交个体都能杂交受孕。就外貌而言，双方杂交后的第一代后裔身上只有或者说几乎只有林鼬的特征，仅剩下颅骨形状由雪貂的基因支配。

我们很容易就觉得演化是只发生在过去的事，却不知道它现在仍如火如荼地进行着，最近就有个极佳的例子：有人看见"红林鼬"在卡迪根郡出没。雪貂或林鼬都可能出现红色变种，如果它们身上少了某一个决定正常毛色的遗传因子，就有可能出现这种变异。当红色变异种与白色雪貂交配后，第一代后裔的毛色全部是红色的，换作生物学家孟德尔的说法就是：相对于隐性的白色基因，红色基因是显性的。然而，如果红色变异种交配的对象是黑褐色变异种，第一代后裔就全部是黑褐色的，也就是说红色的基因现在成了隐性，相对于显性的黑褐色基因而存在。无论是雪貂还是林鼬，其中的红色变异种体形都较大，且至少在红雪貂身上，我们会发现它变得比较性急，通常也会更有活力。在此，我们面对的是雪貂家族的一个全新分支，该支目前只在威尔士现身，而且估计很快就会在那里落地生根。这不正是演化实际在我们眼前发生的情况吗？

据说，雪貂与野生林鼬的杂交种是人类猎兔时的良友，能在兔洞中穿梭自如，其中又以未成年雌性的行动最为敏捷。那些从人类饲育之下逃跑而野化的黑色变异种，在我们眼中很容易与野生林鼬搞混。在本节结束之前，我们少不了要提到约翰·米莱爵士（Sir John Millais）说的那个故事：一名壮汉病了，医生开给他一剂水蛭作为处方。"这些虫一样的东西！"他的太太惊叫道，"我才不让它们吸我丈夫的血，我宁可在他身上放只雪貂！"

睡鼠

　　在冬眠动物中，我们选出啮齿目中的迷人成员睡鼠作为代表。睡鼠通常在十月进入冬眠状态，直到隔年四月才从沉睡中苏醒。它会在长满苔藓的河岸上挖洞或在树木残干里做窝，在里面铺上厚厚的垫料。它在进窝冬眠前还是个胖子，等到一大觉睡醒后就变成了瘦子。睡鼠在它的舒适小窝里一睡就是大半年，睡眠时会将尾巴缠在头部与背部，用四只脚掌捂住脸颊。在气候较温和的地区，睡鼠可能偶尔会从冬眠中醒来吃点东西（窝里通常有存粮），但大部分情况下都是一觉到春天。冬眠期间，它们若突然被强行弄醒，可能还会因此死亡。瞧它们睡得如此香甜的模样，除了"睡鼠"外，我们还真想不出其他名字来称呼它们，就连莎士比亚都写过"将你那还在当睡鼠的勇气唤醒"这样的台词。它的几个别名也都颇为可爱，像"爱困鼠"（dormouse）、"瞌睡鼠"（sleepy mouse）等，"chestle-crumb"虽也是睡鼠的俗称之一，但这个词本身的含义已经不甚明了了。

　　睡鼠在生物学分类上介于松鼠与小鼠之间，它们体形小巧，头部与躯干加起来约为八厘米。尾部有厚毛，具有些微抓握力，长度约为五厘米。它的身上有柔软的厚厚黄毛、一对圆溜溜的大眼睛、圆钝的吻部及很小的指爪。不过，它的指爪虽小却十分有力，是攀爬的好帮手。睡鼠在英格兰非常普遍，但在苏格兰或爱尔兰却不见踪迹。它所属的这支族群非常老派，栖息地仅限旧世界各大陆——早在日本与中国大陆分离，或是欧洲与非洲大陆分裂开前，这支古老的族裔就已在这些地方定居。

　　这些被称为"灌丛松鼠"的小家伙生性温和羞怯，但能在茂密的林下植物丛中自在穿梭。它们惯于昼寝，通常会在离地面不远处找由草叶、青苔或树叶铺成的铺位。到了黄昏或入夜后，它们就开始寻找坚果、莓果、橡实和谷物果腹，有时连小型动物也不放过。它在进食时通常以后臀贴地而坐，双手捧着食物送入口中——但它也能一边用脚趾倒挂着一边享用美食。无论是植被茂密、枝叶缠绕的生活环境，迅捷的动作，还是躲避白昼日光的习性，都能为它们的安全增添更多保障。睡鼠是极安静的小生物，平时几乎不出声音，只在惊恐时发出嘶嘶声。它的亲戚不多，产自欧洲大陆的园睡鼠是其中之一。园睡鼠会在危急时刻像蜥蜴一样断尾求生，这在哺乳动物身上极其罕见，而且它的断尾还能重新长回来，这就更让此事成为稳赚不赔的生意。用一条尾巴换一条命，实在是太划算了。但睡鼠的另一个亲戚，因嗜食大榛子及一般榛子而得名的榛睡鼠就没有这种本事了。在英国，榛睡鼠对花楸树的酸果也颇为喜爱。

睡鼠似乎是采行一夫一妻制，它们的夏日居所十分密集，但邻居之间彼此都关起门来互不干涉。一旦雌睡鼠发现自己怀孕，就会在居所外另辟一个大巢（半径约为十五厘米），在此度过短短三周孕期之后分娩。睡鼠一胎通常产下四只小睡鼠，有时一年之内可以怀孕两到三次。新生儿全身无毛，眼睛与耳朵紧闭着，需要窝巢的庇护才能存活。小睡鼠会在巢中接受养育，等到约三周后才有能力自谋生计。这里有个值得一记的现象：一年中较晚受孕的雌睡鼠所生的小睡鼠死亡率极高，这是因为它们还来不及被养大，母亲就已经冬眠去了。睡鼠若要成功冬眠，必须在过冬前囤积大量脂肪，还没被养胖的小睡鼠自然很难熬过这一关。睡鼠冬天的居所通常位于地底，且每只睡鼠都在单人房内冬眠。若能提供良好的环境，睡鼠在人工饲养状态下可以活三到四年，而其中一个条件就是它们的住所必须维持适当的湿度，即使在冬天也是如此，另一个条件就是保证充足的饮水。它们的头脑不算灵光但很讨人喜爱，身上也没有异味。

这下我们得问一个问题了：这种害羞、和善、毫无攻击性的生物，为何在野蛮的大自然里竟未遭到淘汰？其实答案在前面都已说过：它们生活习性隐秘，平时在灌丛里藏身，只在夜间出没；它们拥有机警的感受力与敏捷的行动力；它们能吃的食物很多；即便连续产下几胎宝宝，雌睡鼠也能悉心养育每一只幼儿；还有，就是它们冬眠的能力。事实上睡鼠的天敌并不多，猫头鹰虽会捕食睡鼠，但它抓的几乎都是较笨或较不细心的个体，这样一来，反而能替睡鼠筛选出精英，不得不说睡鼠们因祸得福。经过筛选的动物更能在生存竞赛里胜出，这个道理对人类而言也是如此，正如英国诗人乔治·梅瑞狄斯（George Meredith）所说："当心安逸的生活，那是漫无目的的漂流。"

各种小鼠

先不管家鼠（*Mus musculus*）造成了多少损害，若以客观眼光视之，我们必须承认它们的模样真是可爱。它们的体格大小刚刚好，毛色宜人、动作伶俐、感官灵敏，拥有求生所需的足够聪明才智。但若从经济角度来看，它们就于人类无益了，它们会偷吃各式各样的食物，然后留下粪便污染更多的食物，会下手残害衣服、书籍这些有用之物，会在墙壁与地板上啃出几条路，况且，它们不只身上味道难闻，逮到机会还要四处散播瘟疫呢！

今天，家鼠已经散布到了世界各地，它们很有可能是在新石器时代之后，从东方进入了欧洲。家鼠与人类的关系历史如此久远，在圣基尔达群岛和法罗群岛都出现了当地特有的新品种。它的毛色变化多端，且能迅速适应不同环境，比如，乡间家鼠和都市家鼠就是一模一样的物种！

这世界上大概没有家鼠不吃或不咬的东西，从奶酪、铅笔到蜂巢、海菜，它们都要染指，甚至连香烟都不放过。单独一只家鼠并不惹人厌，而且它晚间的"歌声"十分动人；两三只家鼠或许也能构成一幅有趣的画面，但是当它们成群结队出现时就令人难以消受了。问题不只出在它们啃食衣物或毁坏重要文件，更在它们会污染食物，且传播旋毛虫和鼠疫杆菌这些可怕的病原体。它们繁殖起来毫无节制，未满一岁的家鼠就能当爸妈，怀孕三个月就生下小鼠，一年可以生五六胎，一胎生出五六只不成问题。只要出现一只家鼠，很快就能带来成千上万的子孙！防治家鼠的办法我们都耳熟能详，即将食物严密加盖收藏、小心不要留下碎屑残渣，或是供养一只捕鼠猫坐镇家中，或是在它们繁殖增长前就用陷阱将其一网打尽。有时我们在捕杀老鼠的行动中大有斩获，却忘记它们数量减少的同时会造成小鼠数量增加，因此任何灭鼠计划都必须双管齐下才能奏效。

※　　　※　　　※

小林姬鼠（*Apodemus sylvaticus*）是欧洲数量最多、分布最广的哺乳动物之一，从海平面到高山上都有它们的踪迹。它们的后腿远比家鼠长，后脚与耳朵也较大，眼睛更是又大又凸。这是一种能吃苦、警觉性高、懂得应变的生物，且多才多艺，"善于跳跃，熟于攀爬，能于挖掘，精于游泳"。从它醒目的大眼可知，这种生物基本上只在夜晚出行。它以一种令人捉摸不定的方式东跳西跳，比如，杰拉尔德·巴雷特－汉密尔顿[1]与马丁·辛顿[2]就注意到："小林姬鼠那对长后脚让它们在四处移动时形成一种独特的动作，而且时

---

(1)　杰拉尔德·巴雷特－汉密尔顿（Gerald Barrett-Hamilton, 1871—1914）：著名英国/爱尔兰籍自然史学家，最出名的作品是与辛顿合作的《英国哺乳动物史》（*A History of British Mammals*）。

(2)　马丁·辛顿（Martin Hinton, 1883—1961）：英国动物学家，曾在伦敦自然史博物馆工作。

时刻刻皆产生影响，甚至连它们走路时也是。这或许是它们最为奇异的特征。"有记录可查，曾有一只小林姬鼠从四米多高的地方一跃而下，而后毫发无伤地跑走，这证明它们的四肢极具弹性。

小林姬鼠平时大多吃素，喜欢许多食物，例如谷物、水果、植物根茎、树叶，甚至花朵。它也爱吃番红花球茎与风信子鳞茎——这是许多人在惨痛教训之下才学到的生物学知识。不少情况下它们也会吃昆虫，有时也会发生蜂巢惨遭小林姬鼠行窃的案件。小林姬鼠极少进入人类屋舍，只有在冬天，才有可能躲进农家院子里栖身。如维吉尔书中所说，小林姬鼠会将食物（大部分是谷物）储藏在某处，等到严酷天候降临时，就会取用这些物资救急。它们并没有真正的冬眠习性。

啮齿动物的多产众所周知，但小林姬鼠可能算是个中翘楚。雌鼠在五个月大时就具有生殖能力，甚至曾有雌鼠在某年三月到七月连续生了五胎。小林姬鼠一胎最常见的数目是四到五只。吉尔伯特·怀特[1]与其他学者曾在小林姬鼠身上观察到以下现象：如果窝巢突然受到打扰，幼鼠会紧紧抓住母亲的乳头或毛，这样母亲就能把幼鼠挂在身上移动一小段距离了。当了妈妈的小林姬鼠可以说是哺乳动物里的尽职模范，有时数个小林姬鼠家庭会共处一室，而这些母亲并不介意自己哺乳的幼鼠是不是亲生的。不过，农民对于这些母爱光辉的故事并不买账，他们觉得小林姬鼠的天敌越多越好，不过，它们的天敌也确实不少，以小动物为食的野兽与猛禽都想抓它们来打打牙祭。只要人类停止迫害黄鼠狼与猫头鹰等生物，自然界中原本控制小林姬鼠数量的机制就能维持稳定。

前面谈到的家鼠与小林姬鼠都属于鼠亚科，而常见的田鼠则属于田鼠亚科下的田鼠属。除了一般的小林姬鼠，英国还有四种变异

---

(1) 吉尔伯特·怀特（Gilbert White, 1720—1793）：牧师、博物学家，英国博物学与鸟类学先驱，《塞尔伯恩博物志》作者。

亚种存在：赫布里底小林姬鼠、圣基尔达小林姬鼠、费尔岛小林姬鼠及德温顿黄颈小林姬鼠。这些住在岛屿上的亚种，正好能显示出环境隔绝之下出现新亚种的有趣现象。

※　　※　　※

我们还要介绍另一种讨人喜欢的老鼠——巢鼠（*Micromys minutus*），它在玉米田和长草堆中找到了属于自己的生存机会与定位。它是个小不点，只比英国最小的哺乳动物小鼩鼱稍大一些，它的身体长约六厘米，尾巴五厘米或稍长。它的体重仅五克，只有小林姬鼠的六分之一。吉尔伯特·怀特有个生动的说法："两只巢鼠放在秤上，另一端只放一枚半便士的铜板便能平衡。"它能在一根麦穗上稳稳站着，你说它有多轻！这种啮齿类动物中的小美人，为何能适应玉米田中的生活呢？这个问题的答案很有意思。在英国的哺乳动物中，只有巢鼠的尾巴具有抓握力，它甚至能靠尾巴暂时吊挂一两秒钟。它们的手脚相对来说比较大，上头有肉垫，对攀爬很有帮助。和夜行的小林姬鼠不同，巢鼠多半在白天活动。它们会用草叶编成球状的巢，一次可以用掉上百片叶子，搭好的巢不仅可以作为自己的安乐窝，也方便随时迎接一批又一批的新生儿。冬天时，它们常会另辟御寒居所，有的搭建在地底，有的藏在芦苇丛中；但最妙的莫过于找到一座干草堆钻进去，可保一整个冬天温暖舒适。它们没有冬眠习性，在某些情况下会为过冬储存食物。

巢鼠的日常主食包括形形色色的谷物与昆虫，它们吃小麦时会像松鼠一样坐着，两手将麦子水平拿起，然后边转边啃，直到把外壳啃掉，露出里面的好东西。瞧瞧，这动作多么秀气！它绝对能成为优良的宠物，而且更棒的是它和小林姬鼠一样没有体味——鼠臭味是家鼠的专利，这种臭气熏天的外来生物原本并不属于英国自然界。

田鼠

在那些破坏农业生产、与人类势不两立的生物中，我们选出黑田鼠（*Microtus agrestis*）作为代表。比起大个子的家伙，小型动物通常为害更烈，一方面因为它们繁殖极快，另一方面则因为它们更不容易捕捉。黑田鼠就是个绝佳的例子。成年雄性黑田鼠的头部与躯干总长只有十厘米（雌性要比雄性短近一厘米），尾部不超过四厘米；比起大得吓人的大鼠，这种体形还算能接受。另外，我们也得考虑黑田鼠恐怖的繁殖速度，它们一年可怀三到四胎，平均每胎产下五只小田鼠。当它们的家族日益兴旺时，牧草地就要遭殃了——毕竟，这种小东西最常见的俗名就是"草鼠"，真是个极其恰当的称呼！

许多学者会将高地黑田鼠与普通黑田鼠区别开，后者是在英格兰及苏格兰低地地带最常见的品种，前者则是较为古老的物种。但其实这两种生物血缘关系极近，将它们视为同一物种也无不可，如果生物学分类必须搞得那么精细，那么做下去实在没完没了了。

一般而言，黑田鼠表面的毛色若非黄褐色就是灰褐色，底部则为灰白色。在大多数情况下，这些颜色都能发挥隐形斗篷的功用，将它的身影与土地完美融为一体。看着一只黑田鼠，我们就会观察到它那圆钝的吻部、宽大的头部、几乎被埋在毛里的不起眼的小耳朵（和小鼠那对竖起来的耳朵相比真是天差地别），以及短而有毛的尾部。更靠近一些，我们还能看到它脚底生有淡淡的毛发，有六到七个无毛的肉垫，小巧的拇指上长着尖利的指甲，口中有两颗边缘如凿子的强壮门牙。它的臼齿不断生长，也会一直磨损。有时黑田鼠死后会被蚂蚁吃个干净，只留下光秃秃的骨头，此时我们就能用透镜清楚观察它们牙齿的构造，比如，其牙釉质上那些齐齐整整、呈锯齿状排列的小小三角形。

黑田鼠喜群居、爱结伴，但严格来说，它们并没有所谓的社交生活或互助习性。从康沃尔郡到凯思内斯郡以及整个欧洲大陆，它们都是牧场、耕地、开放的杂草地、沼地、农场、灌木林及类似环境中的常客。不过它们并不在爱尔兰出没。它们最爱的食物是草茎中多肉的部分，不过若有其他东西可吃，如嫩芽、根茎、掉落地面的玉米或树叶，它们也并不挑嘴。如果到了穷途末路，它们连树皮都能吃下肚，其凿状边缘的门牙是切割与啃啮的利器，其他牙齿则负责把食物磨成浆状。

黑田鼠不分日夜地活动，终年无休，在结霜严重的日子里可能会连续睡上几天几夜，但这跟所谓的冬眠不同。某些黑田鼠会积存粮食以防万一，但英国的黑田鼠很少这样做，或许觉得没有必要吧。这些啮齿动物无论何时都是大胃王，喝的水也不少。它们会在地表或地下造出一条条通道，这些通道通常彼此交错，看起来就像是一张小镇的街道图。同一条通道可能某一段在地面上，另一段就到了地底下。这些通道似乎都是公用的。其他时候，黑田鼠会往较深的地方挖洞，其目的是掘食植物的根，或是在寒冷的天气里盖出一间育婴房。不过它们的身体特征使它们并不像鼹鼠那样利于掘洞，也不像巢鼠那样善于攀爬。它们能灵活奔跑，但跑步时不会伴随跳跃动作；被抓到时也不会咬人。此外，它们是游泳高手，在每餐之间可能都要睡上一大觉，但也很容易被惊醒。它们会跟猫一样细心理毛，也懂得以卫生的方式清理排泄物。它们兴奋或饥饿时就会叫，声音"一半像是咕啾，一半像是尖叫"。

※　　※　　※

说到家庭事务，黑田鼠似乎是成双成对生活，但也有证据显示雄性数量远多于雌性，这下事情可就不太圆满了。我们对它们所知不足，无法确定它们是否真的奉行一夫一妻制。它们的繁殖期从四月开始，可以一直延续到入冬，其间雌田鼠连生三到四胎都是常事，每次通常产下三到六只幼儿。但如果食物足够充足，气候也足够温和，雌田鼠甚至能一口气怀上十只。雌田鼠身上有八个乳头，孕期约为二十四天，母亲可能还在为这胎幼鼠哺乳，肚子里就已经怀上另一胎了！以上这些信息都能证明黑田鼠繁殖力惊人，但其实它们比起小鼠或大鼠还是稍逊一筹。巴雷特－汉密尔顿先生在其大作《英国哺乳动物史》中写到，人工豢养的雄田鼠能与妻儿愉快相处，但如果它觉得自己被戴了绿帽，就会把一窝私生子都吃掉。这种现象可以说是黑田鼠严格奉行一夫一妻制的证据。

鼠灾从上古时代以来就存在，那些对历史典故了如指掌的人或许会想起亚述王辛那赫里布[1]及其麾下大军惨败的原因：无数田鼠乘夜色而来，把箭袋、箭矢与弓弦全部啃光。英国最后一场大规模鼠灾发生在一八九一年到一八九三年，当时苏格兰南部大片地区都被吃成了荒漠。如果气候适宜，各种草本植物就会欣欣向荣，食物多了，田鼠每胎就会多怀几只，于是猛兽与猛禽的好日子也到了，它们会比平常生出更多的幼崽，但其数量增加的速度远不及啮齿动物的繁殖狂潮。渐渐地，草不够吃了，黑田鼠只好用一些不寻常的方式，如剥树皮或啃树根来填饱肚子。尽管如此，饥荒之灾仍会降临在黑田鼠身上，于是它们的生殖率下降，某些疾病也可能借机传播，

---

(1)　译注：辛那赫里布是两河流域文明时期的亚述国王，以征服巴比伦的战功而名留史册。这里说的故事是在《旧约·列王记》中提到的亚述王军队一夜之间惨死，后来历史学家希罗多德曾解释这段经文，说鼠灾是造成这场惨祸的原因。

最终导致黑田鼠族群数量降至谷底。这一结果能让植物得到休养生息，再次繁盛生长，鼠灾也就此落幕。然而，在大自然重新找回平衡之前，人类的农业已经不知被破坏到什么程度了。

一般认为有两个原因会导致鼠灾之年降临，一个是气候变得异常温和潮湿，另一个则是田鼠的天敌遭到捕猎。这两个原因无疑都会导致田鼠数量增加，但也很有可能是某种我们还不知道的因素使得鼠灾周而复始发生。为了打猎活动所需，某些地方的人会控制当地的野兽或猛禽数量，免得它们和人类争夺猎物；但那些没有采行这类措施、猛禽猛兽数量未受控制的地区也无法逃过鼠灾的魔掌。因此，我们对于"自然天敌大量减少会造成田鼠数量大增"这个说法必须有所保留，因为实际状况并不能彻底证明此事。例如，黄鼠狼、白鼬、狐狸、猫头鹰、红隼、乌鸦和秃鼻乌鸦都是田鼠的自然天敌。

人类对抗鼠灾并不算成功。我们用尽了各种手段，包括投毒、散播会让田鼠致病的微生物、放火、放狗追捕、用水淹、放捕鼠器，或是挖出底大口小的陷阱，让掉进去的田鼠无法爬上悬垂着的墙壁逃生。有种做法是将红海葱[1]磨粉与麦片粥混在一起，这是危险性最低的毒鼠药之一。

小型鼠灾并不罕见，最具常识性的做法就是防患于未然。大规模鼠灾会造成极其严重的损失，因此，我们对此事的征兆应该保持警戒。我们前面列举了不少田鼠的自然天敌，一个明智的做法就是给予这些生物良好的生存环境，另一个反击之道则是将牧场附近那些生在树篱旁、田界上以及荒地里的杂草清除干净，这样就能让田鼠少些藏身之处，让它们暴露在猎食者的视野中。另一种说法则是：农业发展越精良，田鼠数量就会越少。

---

(1) 红海葱为风信子科海葱的鳞茎，可作为强心剂使用。

黑田鼠头上至少有三项铁一般的罪名：第一，它们会啃食草茎基部，将整片牧草地摧毁；有时玉米田也会遭到同样灾祸，而苜蓿叶等更是它们嗜食之物。第二，它们在地下挖掘通道时，可能会妨碍种子萌芽或幼根生长，因此遭到破坏的农作物可能跟它们吃掉的一样多。此外，它们用干草叶编成的坚固夏窝有时也会给收割机造成不小的麻烦。第三，它们常会啃掉靠近地面处的小树树皮，也会把树根咬断。常见的预防措施是在树基处围绕一圈细密的铁丝网，并让这圈铁网延伸到地底深处。另一种方法是将硫酸士的宁与淀粉、甘油混合成毒性涂料，刷在树根与树干低处。

黑田鼠的生命周期与青草、黄鼠狼、红隼、人类等许多生命互相交错。达尔文讲过一个故事，说蜜蜂的蜂巢与蜂房遭到田间野鼠毁坏，使得这些勤劳小工无力继续为红苜蓿授粉，这里所谓的"田间野鼠"很可能就是黑田鼠。除此之外，达尔文也提到某只"田间野鼠"杀死了一只具有破坏性的锯蜂，当时这只锯蜂正对一棵杉树动手 [1]。

相比之下，从农业的角度来看，另一种堤岸田鼠则不至于构成太大的威胁。它的体形比黑田鼠小得多，表面毛色更红，底层毛色也更白，耳朵和尾巴都稍长一些。成年堤岸田鼠的臼齿有齿根，这是黑田鼠身上从未出现过的特征。它喜欢干燥有遮蔽的地方，常设法跑进花园大啖球茎或是刚播种的豌豆与其他豆类，也会给农园造成不小的损害。它主要在夜间活动，因此不常为人所见。它并不像黑田鼠那样拥有惊人的繁殖力，对于此事，我们可得谢天谢地。

※　　　※　　　※

大家总喜欢把水田鼠（water vole）叫作水鼠（water rat），

---

(1) 锯蜂产卵时会以"产卵锯"锯开植物，将卵产在切开的植物组织中。

这可让动物学家不胜其扰。但我们也必须一吐为快：要把一个已经通用多时的名称硬给改掉，未免显得过于学究。但这整件事情唯一的症结在于：水鼠根本就不是"鼠"（*Rattus*）。我们一眼就能看出这两个物种的差异：水田鼠的身形较为健壮，头部较圆，口鼻部较钝，耳朵被埋在毛里只露出一点点，眼睛较小，尾部多毛且短得多。若仔细观察，我们就会发现更多细腻的差异，此时我们也只好承认水鼠绝不是大鼠。大鼠的头部与吻部都较窄，眼睛和耳朵明显比水田鼠大，尾巴较长且几乎无毛，此外还有许多生理上的差异。

另外，我们更必须强调水田鼠其实是田鼠的一员，因为这个知识是引导我们了解整个新情况的钥匙。这种生物是一种大型田鼠，它们为了躲避陆地上惨烈的生存之战，大部分时间都生活在水里。它在掠食者眼中是既美味又分量足的餐点，难怪要躲到水中藏身！当然，当它进入水中暂时栖身时，也必须面对新环境中的新天敌（如鹭鸶和梭子鱼）与新危险（如洪水与霜害），但整体而言，这仍是个利大于弊的做法，这点从水田鼠广泛的地域分布上就可以看出：从苏格兰高地到亚洲的阿尔泰山、从法国南部海滨到北冰洋岸，都能见到它们的身影。至于学名为 *Arvicola amphibius* 的水田鼠则是英国特有种[1]。英国南部比较常见水田鼠的褐色变异种，北部则有较多光亮的黑色变异种。它们常在夜间四处奔跑，寻找多肉多汁的植物。而我们在暮色微光中看到它们时，时常误以为它们体积较大，因此水田鼠有时又被称作"地猎犬"。有一说是它们会在夜间拜访墓园，但这只是人们的想象，没有任何证据支持此说——只除了水田鼠四处漫游的习性让它们稍有嫌疑。有人曾在苏格兰高地海拔六百米的山上目击水田鼠活动，若要严格定义，这

---

(1) 此种田鼠实际上在欧洲、西亚、俄罗斯都有发现记录，并非英国特有种。

种生物绝非纯粹的夜行性动物。

※ ※ ※

水田鼠拥有发育良好的耳瓣，体毛厚实且不易吸水，足趾间有少许毛但无蹼，长尾可在游泳时起到控制方向的作用。但除了上述这些特点，水田鼠身上实在找不到什么为了适应水生生活而特别演化出来的特征了。无论是游泳还是潜水，它都显得得心应手，但从它的泳姿仍可看出它在演化上是水生世界中的新居民：它惯于（但并不总是）手脚并用游泳，这是非水生哺乳动物落水时必定使用的泳姿，而且它游泳时，大部分的头部与背部都露在水面之上。另外，幼年的水田鼠很早就开始游泳，甚至眼睛都还未睁开就已下水。总之，重点在于，水田鼠仍保留着部分陆生习性，但也能利用湖泊与缓溪，让自己的生活变得更加安全。

比起它们身体特征上出现的些微变化，更重要的是它们在水滨挖掘的洞穴形态。尽管这些洞穴有时速成而简陋，但至少总有两个入口，一个在陆地上，另一个则在水平面或水面之下。偶尔还可见有数个水下出入口，以及数条通往不同小房间的岔路。有时水田鼠会用其中一间来育婴，但较常见的做法则是将小水田鼠养在地表上远离洞穴处那个以芦苇和草筑成并加以妥善掩藏的窝巢中。

水田鼠一胎会生三到八只，一年能够生育两次。幼鼠出生时睁不开眼睛，但这些小生命也并非全然无助。许多人都曾目睹，当原本的育儿巢受到威胁时，母鼠会走水路将幼鼠运出。它会用嘴叼着幼鼠压向喉咙下方，然后大大咧咧地游水或潜水而去。由此，我们可知母亲育儿的行为也是水田鼠族群的生存秘诀之一。

另一项有助于水田鼠生存的优点，则是它广泛多样的食物清单。这项优点在许多动物身上都有，且非常有价值，因为能依靠多种不同食物存活的能力在必要时可以救命，而水田鼠也的确受此恩惠。它平日里所吃的几乎都是植物，但它身上也有杂食性动物的潜能。凡入它口的都能养身滋补，根、茎、树叶、树皮、芜菁、马铃薯、睡莲、马尾草、花生、山楂、蚯蚓、鳟鱼尸体、贻贝、鳌虾，甚至更怪的东西它都能找来填肚子。我们知道水田鼠就是伤害柳树或者将小溪沿岸土地弄得支离破碎的凶手，但我们不能说它会对人类的农作物、财产，或者捕捞鳟鱼的渔业造成多少威胁。关于英国水田鼠，我们并未发现有力证据证明它们会储存食物，而它们不会冬眠一事也早已众所周知。毕竟，这可是种能钻地挖根取食或是在冰封河底游泳的生物，英国的冬季对它们来说不算是太大的难关。说到水田鼠的饮食习惯，我们不得不讲讲它们享用美食的可爱画面：它们通常会待在洞门口，或是由灯芯草与水草缠结而成的半漂浮平台上，像松鼠一样直直坐好，两只前掌拿着一片植物根茎小口小口轻巧啃着。人类偶尔会有幸看到如此景象。

水田鼠这个生存竞技场上的大赢家，却有着令人意想不到的缺陷：近视。不过，也并没有什么征象显示此事对水田鼠的日常生活造成了太大不便。造物主取走它们的良好视力，但也给予它们一对腺体作为补偿。这对腺体生在肩胛骨与尾巴根部这两点的中央处，约有两厘米长。和鼩鼱一样，水田鼠的腺体也会分泌稍呈油状且有异味的分泌物，这东西很可能连饥肠辘辘的猎食者都能驱退。无论如何，水田鼠的生活习性都显示出它不是害羞或愁苦的生物。幼鼠富有玩心，且成鼠能够被人类驯养。它们的智力不如大鼠，但也并不低。半个多世纪以来，陆陆续续有人对水田鼠加以观察研究，而从未听说有人认为水田鼠也在观察我们；但这很可能是因为我们太迟钝而并未觉察，而不是它们真的笨到对人类无感。它们的性情究竟如何？此事很难确认，有些博物学家说它们既沉着又忧郁，但我们真要相信野生动物会"忧郁"吗？水田鼠平时温和，除非感到自己的财物受到侵犯才会勃然变色，毕竟它们对"河权"可是十分执着的！H. W. 谢泼德 - 瓦温（Hugh Wallwyn Shepheard-Walwyn）先生有一本很有趣的著作《野灵》（*The Spirit of the Wild*），里面以水田鼠表现"满足"的灵，或许这已经是最贴近我们目前对这种生物认知的形容了。最后我们还需要说明一点：它们似乎采行一夫一妻制。

鼩鼱

说起总是躲躲藏藏、善于玩消失的小动物，没有比鼩鼱更好的代表了。尽管它们姿态优雅、动作灵巧、个性警觉，总的来说十分可人，但民间仍对它们有些古老的偏见挥之不去。它们无端得了一个"泼妇"的恶名，因无知人类将它们与小鼠、田鼠混淆而遭迫害，也因丑恶迷信而成为代罪羔羊，顶着导致牛与其他家畜患病的不清不白的罪名。吉尔伯特·怀特记录下传统制作"鼩鼱树"的可怕做法：用螺旋钻在树干上（通常是白蜡树）挖洞，放入一只活鼩鼱，然后用木栓将洞口封死。据说只要从鼩鼱树上剪下一段细枝，以此鞭打牲口患部，就能治病。现在这种迷信大概已经消失，但对鼩鼱的厌恶仍存留于人心。农夫们已经不再拿鼩鼱来诅咒人了，但仍是看到鼩鼱就杀；老实说，鼩鼱可是蛞蝓和许多害虫幼虫的天敌，农夫这样做是在自毁长城啊！

在那长满灌木的河岸边，或是干地上的草原里，我们常见牧草或丁叶堆中突然出现动静，随即就有一只红褐色的家伙窜入空地，沿着某条路径疾奔，然后消失在某个洞穴中。除了这稍纵即逝、惊鸿一瞥的片刻，我们必须承认自己从未亲眼仔细看过这种被称为"尖鼠"的欧亚鼩鼱的真面目，但有记录显示，其他人曾目睹它们跳跃嬉戏、雄性之间凶狠打斗，以及母鼩鼱编织草叶作为通常隐于枯叶之间的巢穴屋顶的画面。

鼩鼱的动作富有美感，长相也是。它们的身躯精致小巧，丝绒般的皮毛呈现出美好的颜色，口鼻部越近尖端越细（鼩鼱的牙齿数量与人类相同，都是三十二颗）。眼力不是它们的强项，但它们的听觉极其敏锐，触觉也十分敏感。事实上，它们似乎就是一种神经敏感的生物，据说常因大雷雨而丧命。

无论是新大陆还是旧大陆，北部各地区都有鼩鼱生活，只是设得兰群岛（Shetland）、斯凯岛（Skye）、爱奥那岛（Iona）和爱尔兰等岛屿上没有它们的踪迹。鼩鼱看起来体质纤弱，不会储存食物或冬眠，咬起人来力量微不足道，还有猫头鹰、红隼、白鼬、黄鼠狼、鼹鼠等诸多天敌。这样的鼩鼱为什么还没被大自然淘汰呢？部分原因可能是它身体两侧都有腺体，会分泌带有恶臭的物质，这足以吓退某些"洁身自好"的敌人。不过这个让自己变得不好闻的招数只能阻止敌人吃掉鼩鼱，不能阻止敌人杀死鼩鼱，因此实在称不上有什么大用。鼩鼱另一个怪异的习性是装死，它被抓到时可能会突然一动不动，这样做偶尔能为自己制造逃生机会。在我们看来，它灵敏的听觉与触觉 —— 鼩鼱可以说是"警觉"一词的化身 —— 以及那看似抽筋却十分灵活且难以预料的身体动作，都是它的平安符。

不可免俗地，鼩鼱也是一种繁殖能力惊人的动物，一胎通常可生下五到七只，且母鼩鼱一年可能产下不止一胎。只是，当我们将所有有利于鼩鼱生存的因素加总起来，似乎总觉得不够充分。或许最主要的原因在于鼩鼱小之又小的体积 —— 它们确实是小家伙，而且行事非常隐秘。

鼩鼱的生活因为永远填不饱的胃口而变得十分艰苦。它们跟鼹鼠一样，消化食物的速度奇快，且长年处于饥饿状态，似乎每过几个小时就得吃一餐。因此，即便鼩鼱主要在昏晓时分与夜间狩猎，白天也会活动。正如米莱爵士所说，它们过的是"苦命生活"——时时刻刻都在搜寻食物、吃饭或打架，且事事认真投入，一天内除了短暂几次小眠外没有任何休息时间。如同食虫目的另一位劳碌命者——鼹鼠，鼩鼱也必须总是承受异常强烈的饥饿感，这大概是造成它们好斗习性的主因，毕竟饿肚子的鼩鼱绝不可能有好脾气。不过，它们也能不带怒意地彼此嬉戏，而且鼩鼱确实是慈母。

※　　　※　　　※

自然史上关于鼩鼱的谜团之一，是它们会在秋季大批死亡，我们常可在路旁或草地上看见许多鼩鼱的尸体。关于此事已有诸多说法，博物学家认为猛兽与猛禽在秋天格外有杀意，会在屠戮过后将吃不完的猎物弃置不顾。另外一些人认为当鼩鼱鼠口增加，土地与食物都变得不足时，族群内部会出现激烈的竞争。人们曾直接观察到鼩鼱打斗、在彼此身上留下伤口，此事可作为这个说法的佐证。另一个间接证据是，当饥荒降临家园时，大量鼩鼱也可能以出走作为求生手段。不过，造成这个谜题的主要原因，或许是鼩鼱寿命太短，可能连一年都活不过，那些老鼩鼱在严冬到来前就已享尽天年。

小鼩鼱（*Sorex minutus*）是鼩鼱的表兄弟，也是全英国体形最小的哺乳动物，上述鼩鼱的特征习性也都会在它身上出现。它从口吻部尖端到尾部尖端只有不到八厘米，体重不到六克。它的骨骼简直像是迷你模型，口中三十二颗牙齿极其纤小，要用放大镜才能看清。它的白齿上布满"齿峰"，这种像山陵一样的凸起物能够嚼碎小昆虫，是食虫目动物都有的特征。小鼩鼱的分布范围比鼩鼱还要广，这样的益兽自然多多益善！

还有一个更应得到人类注意的生物是水鼩（water shrew）。

相较于小鼩鼱不到八厘米的躯干，水鼩的身体可达十二厘米长。它的学名为 *Neomys fodiens*，主要分布在英国阿伯丁郡到亚洲阿尔泰山之间的广大区域内。和水田鼠一样，它们也是在陆地严酷的生存竞争逼迫之下入水寻求新生活的物种。这是一种美丽的动物，表层皮毛是丝绒般的黑，底下则是白色的。它的泳姿曼妙，身体一半在水面上，一半在水面下，身侧几乎没有涟漪。它的趾关节与尾巴两侧有硬毛，能发挥方向舵的功用，增进游水速度。它们能吃的东西包括昆虫幼虫、小型甲壳动物、淡水螺等。而且，它还是个聪明的潜水员，懂得翻开河床上的小石头或其他物体来找寻食物。它们在河岸上挖洞，洞穴尽头铺草为窝。幼小的水鼩那爱玩耍的性格非常讨人喜欢。

第三章
英国与美洲哺乳动物：
生存秘诀

为什么英国的哺乳动物种类远少于俄罗斯或北美洲？这个问题的答案耐人寻味。许久以前（上新世），英国只是欧亚大陆上的一个偏远角落，所有的北欧哺乳动物都会踏足此地，其中也包括猛犸象、毛犀、穴狮、洞熊等大个子动物。这些生物早已灭绝，但它们的骨骸仍存，诉说着很久以前的故事。

后来，冰河时期降临，北方气候变得严寒，雪原与大冰河将不列颠大地完全覆盖。现在，我们还能从丘陵山谷及坚硬岩石上那长而平行的一道道伤痕（称为"擦痕"）及冰砾土（由上古冰川水流搬运的细泥沉积而成）上看出当时冰河留下的痕迹。英国大部分动物都没能活过那段严酷的时期，只有那些能够迁徙（如鸟类），或是拥有足够智慧懂得往南移动的动物存活了下来。在现在的英格兰南部海岸之外，当时还有大片露出海面的土地——既然英吉利海峡还未出现，这些动物自然能不受阻碍地逃往阳光灿烂的地中海滨。地球历史上曾有四次冰河时期（中间隔着三次气候较温和的间冰期），其结果是英国所有动物都被彻底消灭。在形势缓和的间隔时期，总会有些乐观的动物从欧陆返回英国，至少在南部低地会出现生命活动；但等到冰河期再度降临，这些动物也只好再次撤回欧陆，否则难免丧命。到了后来几次冰河时期，早期人类已出现在欧洲北部，但所谓的智人要到冰后期（第四次冰河期结束后）才现身。

和暖天候总算降临英国，覆盖大地的冰被逐渐萎缩，终至消失，只留下英国这片鸟飞绝、兽踪灭的可怜荒野。不过欧陆上的生物很快就重新回来定居，于是此地得以重建起良好的生态体系，其中还包括驯鹿、硕大无朋的爱尔兰麋鹿、野牛、野猪、海狸、旅鼠、狼、熊这些哺乳动物。当时这片土地必定充满希望、处处躁动多事——那可是"再殖民"的时代啊！但这些美好的动物现在都到哪里去了呢？当这场"再殖民"进行到相当规模时，这里的地壳却开始下沉，使得大不列颠成为岛屿，而爱尔兰的情况也一模一样。此时重回英国的某些动物还没来得及进入爱尔兰地区，它就已经与大不列颠岛分隔开来，因此我们在爱尔兰从未找到该地曾存在鼹鼠或野兔的证据。此后，陆地上的动物无法再从欧陆移入英国，因为连接两地的陆桥已经消失。只有两类生物能继续成为英国生态系统的生力军，一类会飞行（蝙蝠、鸟类、昆虫），另一类会游泳（海豹、鼠海豚、鱼类）。很快，英国哺乳动物由于失去外来新血液的灌注，在数量与种类上都开始萎缩。更何况，哺乳动物也会自相残杀，例如驯鹿族群就因狼群狩猎，数量大大减少——就像现在发生在加拿大北部的状况一样。某些动物因好天气而兴盛繁衍、充满活力，但这也苦了其他一些动物，例如野兔和鸟类中的松鸡，都必须躲到高海拔地区才能避开狷獴的猎食者。最后，有些动物可能会因为过度发展某些特征，把自己搞成极端分子，因而自取灭亡。我们在爱尔兰的泥沼里能找到大角鹿（giant deer，又称爱尔兰麋鹿，但它其实并非麋鹿）的遗骸，它似乎就是在"长出大型鹿角"这条路上走过了头，搞得鹿角变成沉重、得不偿失的负荷。这些鹿角有时宽度可达三米，重量可达三十六千克；若想想，雄鹿每年还必须重新长出这么庞大的角，就可知这对它们而言是何等负担。

不过说到底，导致英国哺乳动物盛况不再的元凶其实还是人类。人类为了取得衣食而狩猎，驯鹿与野牛族群因此缩减；人类驯养牛羊，于是也会为了保卫自身与牲口的安全而狩猎，导致狼与熊越来越少。到了后来，人类将狩猎当作娱乐，但此事危害其实不大，远不如我们砍伐森林所造成的影响——因为森林是马鹿、海狸、松貂和许许多多生物的栖身之处。人类开始务农，开拓一片片新田地，这对需要野生环境、需要遮蔽保护的生物来说是极大的噩耗。就各方面而言，人类都是让原本丰足的英国哺乳动物群衰落为现在这般模样的头号罪人。

动物们的成功秘诀

先从鼹鼠（mole）说起，这种生物为何能安然生存至今？原因就在于它发现了活在地底世界的妙处，从此成为挖洞专家。为了求偶或是找水喝，它有时也会在地表现身，但整体而言，它仍是黑暗世界里的居民，以昆虫幼虫或蚯蚓为食，从口鼻到尾巴都可以说是为地底生活量身打造而成的。

鼹鼠食量奇大，每天都要吃下自己体重一半重量的食物。在饲养环境下，鼹鼠只要一天没吃东西，就算前一晚它已吃得大腹便便，隔天早上饲主还是有可能会发现它空着肚子饿到暴毙。鼹鼠既然拥有这种体质，自然得学会在粮食短缺（即使只是暂时情况）时随机应变。据说在冬天来临时，鼹鼠会在自家地道尽头的广室中囤积大量蚯蚓。它会先将这些蚯蚓的头咬掉再送入库房，蚯蚓不会因此死亡，只会精神萎靡无力逃跑。我们的确时常在鼹鼠洞内发现大群软弱伤残的蠕虫，鼹鼠也的确会以它们为食，但没有任何证据证明它们是被鼹鼠囤积起来的。有许多博物学家认为，是这些虫儿自己被冻得昏昏沉沉，很多又受了伤，才会挤在这些现成的洞里取暖，关于这一点，还需要更详细的观察才能确认。有人曾记录，人工饲养的鼹鼠会在一时饱足之后，抓一只虫从头一口一口咬到尾，让这只虫只留下一口气然后掩埋起来，再回来抓另一只虫如法炮制。最近也有人观察到，鼹鼠似乎的确会储存虫子。但即便真是如此，这应该也是临时应急的做法，因为从我们目前挖到的虫堆来看，其中规模最大的（能装满一个大圆锹），也只够让一只鼩鼠维持两到三天的生命！

我们前面已经谈过鼩鼱和水鼩，这两种生物又为什么能生存下来呢？这是因为它们体形极小、戒心奇高、动作毫无声响又毫不起眼。它们挖浅洞为家，以昆虫和各种小鱼果腹，擅长在暮光与夜色中捕猎。

水鼩靠什么生存？靠的就是它们静悄悄、不引起任何注意的习性，而且它们能以各式各样的小型动物为食（如昆虫幼虫），最重要的是它们依水而居的生活方式。还有一个因素适用于各种鼩鼱：那些拥有足够知识的人类，知道鼩鼱是许多昆虫的克星，因此愿意与它们和平相处。

鼩鼠与鼩鼱属于食虫目，老派且分布在大不列颠到俄罗斯乌拉尔山之间广大区域内的刺猬也属于食虫目。刺猬体形较大，无法像小个头鼩鼱那样神不知鬼不觉地溜掉；它也不是鼩鼠这样的地洞族，不靠逃进地底来保命。它能游泳，但并不爱水，因此水鼩的生存之道也不适用于它。

刺猬的生存秘诀是什么？在这个不利于哺乳动物生存的国家里，它们为什么还能存活？这里农田（与高尔夫球场）的面积不断扩张，保留野生原貌的土地越来越少；这里的野生动物也都天敌环伺，其中以人类最为可怖。刺猬为什么能在这种地方生存下来？

刺猬身上的毛发大部分都变作尖刺，敌人几乎无法对它下手；刺猬性喜爬高，而这些尖刺能在它失手摔落时作为缓冲。它能将自己蜷成一颗打不开的球状物，连满腹计谋的狐狸都对此束手无策。它的身体强健，就算被蝰蛇咬上一口也能毫发无伤（这种无脊椎动物是刺猬的天敌之一）。刺猬另一项有用的特质，是它能以多种不同动物为食，如蚯蚓、蛞蝓、小型蜗牛及甲虫幼虫。它对人类毫无害处，只有无聊疯了的人才会想要除掉这种生物。当天气变得寒冷、食物变得稀少时，刺猬就会进入一种奇特的冬眠状态，"韬光养晦以待明时"，过程中完全不吃不喝。不仅如此，刺猬的安全还因它的夜行习性而更受保障；它白天在树篱隐蔽处或中空树干里憩息，直到漆黑夜色足以隐蔽身形时才出门活动。夜里偶尔能听到刺猬的奇异叫声，那感觉就像是它们知道自己处境安全一样。

啮齿目动物的荣景

当我们离开食虫目进入啮齿目，就会发现这里的情况大不相同。许多啮齿目生物不仅普遍，甚至可以说是普遍过了头。大鼠、小鼠、田鼠如此常见，而且会对各种农作物与仓储造成极大损害，正因为如此，人们给予它们"害虫"的恶名也实在不足为奇。大鼠要等到诺曼人入侵不列颠后才进入英国，但我们还是可以将它与黑田鼠、堤岸田鼠、小家鼠及小林姬鼠相提并论，探讨为什么这么多种啮齿目动物都会沦为人见人厌的害人精。这个问题必须从三个层面加以回答：第一，它们繁殖得过于迅速，这些不够强壮、不够聪明的家伙却总以鼠海战术取胜；第二，它们能在农田、仓库以及人类有意无意积存的各种垃圾堆中找到食物，而这些食物远远超出自然环境所能供给它们的数量；第三，它们在自然界中的天敌，如老鹰、白鼬、猫头鹰与黄鼠狼，都被人类逼到穷途末路，因此它们才能如此繁盛猖獗。

对于兔子我们不必多说，它的生存秘诀不外乎多产以及以遍地都是的青草为食。就像黑田鼠一样，尽管有狐狸、猛禽等天敌，还有人类的枪口与陷阱虎视眈眈，它们仍能顺利维护族群存续。不过，我们在此还得补充一点，就是它们掘洞穴居与喜好在黄昏觅食玩耍的习性，也为它们在生存竞争中打下了根基；此外，它们会以后腿用力跺地来发出警告讯息，这更为其生活安全添了一层保障。就连它尾巴底侧的明亮白色都可能暗藏玄机，这在微光中可作为醒目的路标，为经验不足的年轻兔子指出巢穴方向，让它们在生死攸关时能一口气窜进地底。野兔的生存之道是什么呢？欧洲野兔是狐狸的猎物，（未足岁的）幼野兔更是白鼬热爱的美食，但这种迷人生物的存续并未因此陷入危机，它的生存秘诀究竟是什么？它的视觉、听觉与嗅觉都极为敏锐，且时时警觉从不懈怠。它从家中出门时会猛地一跳，回家时也是从远处跃入洞中，如此简单的做法却能让自己留下的气味不会一路延伸到家。它行动时常走锯齿状的路径，连狐狸都会被搞得一头雾水。它的毛色具有隐身功效。此外，母兔照顾小兔尽心竭力，这也是能让种族存续的关键。

雪兔则和欧洲野兔不同，它的体格更健壮，能够适应高海拔地区的生活，也能靠着更粗糙的饮食过活。冬天来临时，雪兔会换上一身白衣，只留下双耳尖端的一点黑色。

至于同属啮齿目总是心情快活的松鼠，则凭着爬高离地的本事来求生。它们在大树枝丫间找到了属于自己的新天地，它们看起来无忧无虑、爱玩爱闹，大概表示它们不太需要为了填饱肚子或保住小命而担忧。在树林中，它能像飞鸟一般轻松穿梭于各个枝头，如履平地；也能像鸟一样在高处做窝，让孩子安全无虞地长大。即使它是为了找朵可口的伞蕈大嚼或是埋藏坚果而下到地面，也会待在随时可以跃上高枝的地方，以便逃开生命威胁。要说它储存粮食的习性对于生存有多少帮助，历来的说法或许都有些夸大；但不可否认的是，这些橡实、榉实备粮在时节艰困时的确能派上用场。我们在圣诞假期时也能看到松鼠从积雪树梢飞跃向另一处，由此可知它们并没有冬眠的习性。

食肉目动物的生存秘诀

目前生活在英国野外的食肉目动物，或者说以肉类为食的哺乳动物，分作四大族群：首先是猫族，该族唯一的代表就是极其罕见的野猫，野猫是强大的肉食动物，住在林间，与人类豢养的家猫不太有血缘关系（英国的家猫都由海外引进）。其次是犬族，该族也只有一名野生代表——狐狸。再次是形形色色的海豹，它们以海为家，是卓越的泳者，但也为此付出了无法再以后脚站立的代价。最后则是一伙有趣的食肉目动物，它们不像猫和狗，也缺乏海豹的奇特性。

这些成员包括獾、水獭、貂、黄鼠狼与白鼬。此处我们选择栗褐色的白鼬（stoat）作为代表。猎场管理员恨不得将这种生物赶尽杀绝，但它们面对极为不利的情势仍能在野外存活。它们会在冬季换上白毛，只留下尾巴尖端的一点黑色，"白鼬"之名就是从它这身冬装而来的。那么，白鼬的生存之道是什么呢？

白鼬肢体之柔韧，在哺乳类动物中数一数二。它的身上没有一两赘肉，跟蛇一样软柔灵巧，能钻入窄得不可思议的通道。它总是保持在最佳状态，从不松懈防备，视力与听力敏锐，嗅觉辨物也很精准。除非螳螂捕蝉黄雀在后，否则任何想要偷袭白鼬的生物都能够被它察觉。雌性白鼬一胎生下五六只幼儿，会无微不至地照顾它们，并教导它们在树林中的求生之道。

不过白鼬所掌握的最大优势还是它善用资源的智力，以及坚持到底的脾性。曾有一只白鼬爬上穿过温室屋顶的锌制排气管，拔掉温室顶上的铁丝网，再从排气管溜下，杀死两只被关在笼内的松鼠，吸了它们的血，最后回头爬上排气管（光是这项技术就非常了不起）扬长而去。这只白鼬隔天又回到现场，以为能找到更多松鼠，却被松鼠饲主逮个正着而丢掉了小命。饲主自然是因白鼬前一天的过分行为而发怒，但我们这些读者也难免为这只白鼬感到可惜。另外，兔子在短距离内可能跑赢白鼬，但白鼬的呼吸功能更佳，因此更有耐力，能在长跑中取胜；跑累了的兔子会开始慌乱，进入一种因恐惧而瘫痪的奇特状态，白鼬随即欺近身来，一口咬向它颈部的大动脉。

就算你站在刚游泳过河、正要上岸的白鼬正前方，它也不会因此绕道；就算你拿石头砸它脑门，它也不会因此退缩。白鼬的字典里没有"恐惧"二字，一只护家心切的母白鼬就算遇上率领猛犬的猎场管理员也会奋勇抵抗。所以，或许我们可以这么说：白鼬之所以能够存活，就在于它的警觉与顽强的性格。

如前所述，白鼬在夏天披着栗褐色的毛皮，到了冬天就变得一身雪白；大部分的毛都是新换的，但也有些旧毛会直接变色。这身冬季白大衣能让白鼬在雪地里无影无形，助它成功伏击松鸡或是避开老鹰的双眼。但我们认为，白色新衣的主要功能还是减少体内热能流失，这点与雪兔相同；比起褐色或其他任何颜色的毛皮，白色外衣最能留住热能不外散。值得注意的是，在某些气候较温和的地区，就算到了冬天，白鼬也还是身披褐色，但那些住在苏格兰高地的白鼬，只要冷风刮起，就一定会换上一身纯白。

黄鼠狼

除了白鼬，在英国再也没有哪种生物比黄鼠狼（siberian weasel）更适合作为正统食肉目的代表了。黄鼠狼与白鼬是近亲，且彼此惺惺相惜；人们常把它们搞混，但其实这两种动物非常好辨认。黄鼠狼的身体只有约二十厘米长，但成年雄性白鼬的身长是黄鼠狼的两倍以上。黄鼠狼的尾巴长五厘米多一点，但白鼬的则有十二到十五厘米长，且尖端为黑色。更重要的是，大家都知道白鼬到了冬天就会脱去夏季的栗褐色外衣，换上雪一般的新外貌，只在尾部尖端保留一点黑色；但英国的黄鼠狼一年到头都呈褐色。我们也可以说黄鼠狼就是小型版的白鼬，学界一般认同它们是同一属下面的两种不同生物，也就是表兄弟。

就实用方面而言，我们的确应该学会区分它们。猎场管理员有理由杀白鼬除害，但同样的理由无法套用到黄鼠狼身上，因为一切迹象都清楚表明黄鼠狼主要以小型啮齿动物为食，像黑田鼠和小林姬鼠等，而这些老鼠如果没有天敌加以节制，数量就会一发不可收拾。黄鼠狼的确偶尔会猎捕雉鸡、鹧鸪与其他鸟类的幼鸟，有时甚至成为一种积习，但整体而言，黄鼠狼的猎食行为对人类来说利多于弊，尤其，如果我们认为农夫的利益比地主保育猎物的需求更重要，那就更不得不承认如此结论。黄鼠狼能咬碎小鼠与田鼠的头颅，若遇上体形较大的猎物，则会对准对方颈部攻击，有时它会狠咬住猎物的脖子不放，直到猎物断气才松口。

※　　　※　　　※

黄鼠狼、白鼬、貂与雪貂组成了食肉目四大部族之一，人们对它们的第一印象通常都是优良无比的体格。黄鼠狼的身体纤瘦柔韧，能毫无困难地钻进地洞探索，或是藏身在干水塘底的乱石下方。它身体柔软弯曲的姿态简直令人想到蛇类。这种生物不仅能跑能跳，连游泳攀岩都难不倒它；它能将身子放低伸直了快步走，也能以弹跳的方式更快速前进。黄鼠狼身上没有一寸松垮皱皮，甚至连脂肪都没有几两。它表层的毛色能与土壤或枯干的草地融为一体，牙齿虽小但异常锐利，身长虽只有二十厘米，但被它咬一口可不是闹着玩的。它的视觉、听觉、嗅觉与触觉等能力傲视群伦，在我们的经验里，要逮到一只黄鼠狼打瞌睡几乎是不可能的事。它们似乎总是处于戒备状态，但当它们玩乐或跟踪猎物时又能心无旁骛，这两件事并不矛盾，对它们最佳的描述就是"专注"二字。还有别忘了，它们大部分的狩猎活动都在夜间进行，米莱爵士曾提到：在英国某些乡间，人们相信偶尔会有大群妖兽"丹多魔犬"在晚上追猎野兔。这些"魔犬"无疑就是常以小团体（多以家庭为单位）出猎的黄鼠狼。与同部族其他动物一样，黄鼠狼妈妈会对孩子施教，有时爸爸也会分担此工作，这可能就是黄鼠狼成小群狩猎这个现象背后的真相。黄鼠狼在骨子里其实是个人主义者，也就是说，比起成群结党，黄鼠狼更喜欢独来独往。

黄鼠狼有个令人肃然起敬的特质，那就是它英勇无惧的性格。企鹅或海牛也常表现得无惧无畏，但那实在是出于愚笨无知，黄鼠狼则不同，它是以清明神智蔑视危难。黄鼠狼会单挑比自己大许多倍的猎物（如兔子）；敢与猛犬正面对峙，甚至三五成群之下还敢攻击人类，这般勇气自然是在带领幼子的母亲身上最为显著，但其他黄鼠狼也都拥有这项素质。如此气概会转化为不可思议的顽强，一种竭尽智巧、不屈不挠的精神，我们有太多经过验证的记录可以证明此事。一只饥饿猛禽可能会用利爪攫起黄鼠狼，然后带着收获飞走，但或许这只猎物能在半空中反过来咬死猛禽，取得最后胜利。黄鼠狼虽有种令人匪夷所思的固执，但能同时保持心智澄明，不但聪慧且有魄力。"从不言死"是它的座右铭，长久以来的精神传承使得黄鼠狼现在已无多少天敌。许多生物表现出自我贬抑或互助互惠的行为，这种生活形态所能获得的利益之大常令我们瞠目结舌，但与此相反的另一种生活态度——自我彰显、大胆无畏——也能够带来成功。黄鼠狼就是这种绅士中的猛士、猛士中的绅士。

勇者黄鼠狼的另一面则是慈爱母性，黄鼠狼母亲的育儿时间颇长，十分注重对孩子的教育。五六月时，怀孕的黄鼠狼会在石堆里筑个婴儿床，或在大树残干上生下四到六只小黄鼠狼。新生儿会有很长一段时间眼不能视物，无法自己照顾自己。如果受到威胁，黄鼠狼会像母猫叼小猫一样用嘴叼着小孩到达安全地点，一次一只。即使幼儿已能在附近活动，它仍会在紧急时刻一口叼起孩子，带它们迅速远离危机。它的下颌与颈部肌肉必定出奇强壮，我们曾看过黄鼠狼将一只大兔子从路边拽进灌木丛里，况且要将幼崽悬空叼起再快步走上好一段路，这简直是体操选手一般的能力。除了细心呵护幼崽，母亲也不忘教育的百年大计，它会将野外生存之道倾囊相授。它们在快乐玩耍的同时，小黄鼠狼也正在实习未来自我负责的生活。

※　　　※　　　※

除了育儿，这种小生物还有一些特殊的行为十分引人注意，其中一个是"嗜血狂怒"。有时，当黄鼠狼面对大开杀戒的机会时，就会进入这种状态。例如，它们会在鸡群里将身边的猎物一个接一个地尽皆屠戮，造成的死伤远远超过它当时的求生所需。

黄鼠狼有时的确会埋藏猎物，表现出储存食物行为的初步征象，但"嗜血狂怒"的成因恐怕并不在此，而是因为它们体内有无法控制的杀戮本能，这本能又因为看到大量猎物（多到非比寻常，甚至多到不自然）近在眼前而持续受到刺激，因而酿成惨祸。我们之前已经说过，黄鼠狼偶尔会进入一种全神贯注的状态，当两只黄鼠狼斗得性起时，它们可能会毫不留意外界的其他干扰；若是在玩耍，或是为了引诱鸟类而进行表演，它们也可能会进入旁若无人的状态，不过程度比起打斗时要低得多。

这种漫不经心的态度可能表示它智力有限，无法一心二用，但也有可能是因为黄鼠狼已经在生存竞争中赢得了安全处境，因此能够专心致力于一件事而不必随时担忧安危。黄鼠狼的另一种特殊行为也与白鼬相同，就是偶尔会成群远行或出猎，这可能是母黄鼠狼带着四五只小黄鼠狼出门的家族旅行，但有时也可见到二十只以上的黄鼠狼大军一起迁徙、寻找容身的新天地。若是遇上这种情形，不论人类还是猎犬都应谨慎行动，莫逞一时蛮勇。当凛冬降临、大地变白时，黄鼠狼会在雪下挖出通道，靠着灵敏的嗅觉找寻小鼠或田鼠的藏身处。北欧的黄鼠狼与英国的不同，会在冬季换上一身白毛；至于英国人俗称的"白黄鼠狼"则是毛色极浅的变异种，它们的毛色不会因季节更替而出现变化。

貛与水獭这两种生物只在英国少数地区比较常见，我们前面已经说过关于它们的事了，也提到了"狐狸列那"。

另外，在苏格兰西部海岸常可见大批海豹聚集。海豹最主要的生存秘诀是它们已彻底适应水栖生活，它们的祖先离开兽满为患的陆地，投向大海友好的怀抱，现在海洋已是海豹最熟悉的家园了。然而，母海豹必须爬上岩岸产子，初生的小海豹也只能无助地躺卧在地，就算掉进水里也无法游泳，这是海豹生命中最危险的阶段，对母亲或孩子来说都是。看来许多动物就算已在新的栖息地定居，也还是会回到祖先所住的环境中繁衍下一代。

一些奇特的成功之道（鼠海豚和蝙蝠）

鼠海豚（porpoise）与海豚属于和海豹完全不同的另一科，在英国的海岸边，人们常可见到它们在远处嬉戏。它们与鲸同属鲸目，许多特征都显示，早在海豹开始尝试水栖生活之前，它们就已经能在水中悠游自在了。因此，它们身上并没有残留的后肢，只有些微不可见的毛发。比起海豹，鼠海豚在生存上占有更大优势，因为母鼠海豚能在水中产子，也能在水中育儿。这证明鼠海豚的祖先很早之前就已抛弃陆地，而海豹的祖先直到后来才想到这个点子。因此鼠海豚与它的亲戚们也远比海豹更能适应海中的生活。

除了鼠海豚，英国所有哺乳动物中最怪异的莫过于蝙蝠，我们之前已说过它了。蝙蝠身怀四个绝技：第一，它们会飞行，没有其他任何哺乳动物能够闯入它们在天上的新王国，而且它们在空中过得如鱼得水，不下任何飞鸟。第二，它们是夜行生物，白天躲藏起来，夜晚才出动寻觅昆虫果腹，有时飞在高处，有时低飞到与我们擦脸而过。它们拥有了不起的感官能力，能够轻易闪避任何障碍物。第三，蝙蝠会在冬天冬眠，这虽然是货真价实的冬眠习性，但它们不会像刺猬那样沉睡，只要气候稍微转暖（即使是在圣诞节前后），它们就会被唤醒。在较冷的地区，蝙蝠会一觉睡过整个冬天，或是聚集在谷仓椽子上，或是在某座古老塔上有遮蔽的角落，又或是在老树中空的树洞里面。这些用脚趾倒挂着、双臂紧抱身体的生物是多么奇异啊！第四，蝙蝠妈妈照顾幼儿无微不至，这类育儿行为总能为族群的延续贡献良多。

讲讲某些北美洲哺乳动物（豪猪、岩羊、臭鼬、鼯鼠）

北美洲（新北区）的哺乳动物与欧亚两洲北部（旧北区）的哺乳动物有许多相似之处。从地理分布的角度来看，这两个广大的地区常被合称为"全北区"（Holarctic）。在新大陆与旧大陆的北端，我们都能发现鼠兔、土拨鼠、欧洲地松鼠、海狸、旅鼠、森鼠（不过美洲没有"小鼠属"的生物）、绵羊、野牛、驯鹿、麋鹿、北极熊、狼獾与猞猁。不过鼹鼠、水田鼠、骆驼、牦牛、羚羊与睡鼠却是旧世界特有的物种，正如颊囊鼠、麝牛、叉角羚、岩羊、草原犬鼠、麝鼠、臭鼬和浣熊是新世界独有的生物一样。因此，如果能从北美哺乳动物中挑出几个，讨论它们的生存秘诀，想必会是十分有趣的课题。不幸的是，我们必须承认哺乳动物在北美洲的处境和在英国差不多，它们的生存日益艰危。即使有各方大力推动保育计划，还有像纽约动物园的W.T.霍纳迪博士这样充满热情的智者，这些可爱的哺乳动物，例如独一无二的叉角羚、住在落基山脉的大角羊、岩羊、马鹿、美洲驯鹿、麋鹿、麝牛，甚至美洲棕熊的数量仍在减少（见霍纳迪的《美国野生动物危机》）。我们只希望人们更懂得珍惜这些无可取代的宝物，借此保护它们免于灭绝。

北美洲内陆有片广大无树的荒原，这里最独特的景象就是草原犬鼠聚居。当火车飞驰过横越大陆的铁路时，车中的旅客可能会在视野较好的地方看见数百只长得有点像松鼠的圆胖啮齿动物，它们身长三四十厘米，各个挺直背脊坐在标示着自家洞口的土堆上。我们读到以下记录："整个得克萨斯州，有二十三万平方千米的土地被犬鼠占据，这些区域内的犬鼠数量可能达到数亿只。"这真是个大军团啊！它们为什么能这么繁盛呢？

这个问题的答案，一部分是因为这些啮齿哺乳动物能在北美草原上找到取之不尽用之不竭的草茎、草根，以及其他在此地茂盛生长的植物作为粮食。它们有时会抓蚱蜢来佐餐，或是采圆扇仙人掌的果实当作甜点，但它们主要还是素食界的大胃王，任何不幸生长在它们野外地盘上的农作物都会被狠狠剥削一笔。毫无疑问，农业不断发展，草原犬鼠也只好让出土地。但即便它们在某地消失，这个物种整体上仍能继续安度数百年。它们跟其他啮齿动物一样多产，能够迅速增加鼠口，让全族的存续更有保障。

除了粮食无忧和强大繁殖力这两个条件，犬鼠还有什么优势？草原犬鼠又多又好吃，自然会被郊狼、狐狸、老鹰和猫头鹰这些猎食者盯上，不过它们自有一套高度发达的社群警报系统，能够在一定程度上阻碍敌人。如果一只草原犬鼠发现入侵者，就会冲上最近的一座土丘，坐直身子拼命"吠叫"——这大概就是"犬鼠"名称的由来，此外它还会摇尾巴呢。不一会儿，就像美国博物学家爱德华·威廉·尼尔森（Edward William Nelson）所描述的："整个'市镇'上的居民因恐慌而满地狂奔，急着往自己家里钻，到处都是它们细小吠鸣声组成的大合唱。当所有居民都吓得躲起来以后，大家还会继续在洞里吠叫不止，要等一个小时或更久之后，才会见到某只犬鼠敢从地底探出头来。"（见《北美洲野生动物》）据说草原犬鼠母亲会教导孩子，只要听到警讯就要即刻做出反应。这些居民守望相助的精神一向高涨，时时充满警觉；如我们前面所言，就算具备"可入菜"这种危险的特质，它们仍能守住自己的一片天。草原犬鼠还有另外两项长处：一是它们可以只从食物中取得水分而存活，不必另外找寻饮水；二是如果气候变得太严酷，或是栖息地变得缺乏掩蔽，它们也能以冬眠状态度过数月，直到境况好转再苏醒。传说中猫头鹰与响尾蛇会和草原犬鼠和乐融融同住，这种故事当然和真相不符。"事实如下：猫头鹰会以犬鼠遗弃的洞穴作为居住和育儿的场所，响尾蛇则直接上门拜访还有鼠居的犬鼠洞，然后把倒霉的住户当晚餐吃掉。"不过，即便没有这些传说来添油加醋，草原犬鼠本身就是非常有趣的生物，正如英国作家爱德华·托普塞尔（Edward Topsell）在其《辩诬》（*Apologia*）一书中所说："对我而言，真相如此全然珍贵，我绝不以谎言诱使任何人敬爱神或神的话语，因为上帝不需要人类的谎言。"

※　　　※　　　※

旧世界的豪猪（porcupines）生活在地面上，新世界的豪猪则生活在树上。它们与草原犬鼠有着极大的差异，但都属于哺乳动物之下的啮齿目。它们有时被称为"刺猬",这是个要不得的误解,因为刺猬属于猬形目。树栖豪猪中最出名(但仍不太出名)的是北美豪猪,从哈得逊湾到俄亥俄州都能见到它们的身影。这是一种外貌奇特的哺乳动物,体形约有欧洲刺猬的二十倍大。这种生物全身漆黑,"身披镶灰色毛边的防水大衣"。它的动作很慢,心智反应迟缓,视力又不佳,而且独居不爱社交;这种动物究竟为何能存活下来呢?以下几项特质或许能够说明这个问题。它能以植物粗硬的部分(如树皮)为食,喜欢在黑暗中活动,且爱在树上栖息,可以数星期待在同一棵树上嚼树皮。它通常在地面有个窝,但可能会为了寻觅水果与盐分这类奢侈品而离家远行。新生儿出生时体形已然不小,且各项官能齐备,很快就能自立自强,这也是豪猪族群得保安全的原因之一。然而,就算把以上诸项全部加起来,想想它在猛禽与猛兽中有多少天敌,个个智力都远胜于它,我们还是无法解释树栖豪猪存活至今的原因。它的救命秘诀,其实是身上的尖刺!

这些尖锐的自卫道具,是由底层白色毛发变形而成的,粗糙的黑灰色表层毛发覆盖其上。在平静状态下,豪猪身上的尖刺平贴身体,一旦受到刺激就会一根根直立起来。尖刺与皮肤并未紧密联结,一旦尖端刺入敌人身体,就会很容易从豪猪身上脱落。豪猪擅长挥舞它那榔头一样、生满棘刺的短尾巴,扎得敌人满身刺,这不仅会让对方痛苦万分,甚至有可能致命。尽管许多人说树栖豪猪会以尖刺射击敌人,还指天画地发誓此事不虚,但这个说法并不是事实。同样,旧大陆豪猪也不具备这种能力。

豪猪立起满身尖刺时会发出喀喀声,能带着满身矗立的尖刺向后或向侧边冲锋,它也时常损失不少尖刺,毕竟那都是变形后的体毛,但只有射出尖刺这件事情它做不到。就连布丰都不相信这种说法,他在讨论这个议题的时候说:"人们喜欢相信不可思议的传说,且这类故事越经转述就越发夸张。"旧大陆豪猪的棘刺可能超过三十厘米长，树栖豪猪的则各不相同，从一厘米到超过七厘米都有，但即使是这样的长度也足以帮助它们保命了。

※　　　※　　　※

岩羊（*Oreamnos montanus*）是北美洲的大型草食哺乳动物，它们不仅在此成功存活且欣欣向荣，其秘诀是什么呢？它以悬崖为家，飞檐走壁如履平地，能靠稀稀落落的植物存活，一身脏旧的白毛能够保护它们安度严冬。它的头颅长而沉重，上面生着小型黑色羊角。它像水牛一样肩部微驼，体格甚是健壮。它生活的地区东达阿拉斯加，南可达蒙大拿州与华盛顿州的山区。岩羊没有什么天敌，它似乎不具冒险性格，凡事总三思而后行，诚心信奉"安全至上"的教条。美国博物学家 E. W. 尼尔森（E. W. Nelson）写到这些美洲岩羊时如是说："据说它们若在窄岩架上与猎人狭路相逢，有时会展现出一种愚昧的倔强，与对方僵持不下，好似在争夺道路使用权。"只要进入人类的狩猎清单，任何动物能自由生活的范围都会因人类活动而受限，但岩羊喜欢躲在人所不能至的荒僻险恶地带，它们的生存也因此受到保障。岩羊能冷静找到易守难攻的据点，并在其中耐心坚守不出，霍纳迪博士对此十分赞赏："岩羊有不动如山的沉着，有百折不回的勇气，泰山崩于前而面不改色，这般特质在一切有蹄有角的哺乳动物中独一无二。"此外，岩羊肉又膻又干，令人难以下咽，岩羊皮毫无商业价值，岩羊头也不是什么能拿来炫耀的战利品；也就是说，岩羊并不会成为人类猎杀的目标，因此能安然存活。

※　　　※　　　※

条纹臭鼬（striped skunk）是最惹人厌的哺乳动物之一，它的分布范围广泛，从大西洋岸到太平洋岸、从哈得逊湾到危地马拉，不论是在林地还是在灌木丛间都很常见，且在万物求生的时代里屹立不倒。臭鼬的生存秘诀是什么呢？既然与白鼬、黄鼠狼、美洲水鼬、貂同属鼬科动物，可想而知它们也拥有极其发达的肌肉、脑袋与感官。与许多亲戚一样，臭鼬什么都吃，从蚱蜢、大鼠、胡蜂、青蛙、鱼类到地栖鸟类无一不爱。它们会从猎场中的鸟类那里抢点东西来吃，但也会捕食有害昆虫补偿人类的损失。臭鼬成功生存的另一秘诀是母亲会用心育儿，它们会在地穴或洞窟深处铺设舒适的窝巢，里面约养六只小宝宝，臭鼬母亲不仅喂养幼崽还要教育幼崽，就像水獭母亲一样。如果看到小臭鼬一只接一只在母亲身后排成一长列，那就是臭鼬母亲正在现场指导它们林中生存之道。很明显，臭鼬家族以母亲为一家之主，幼崽会跟着母亲长达一年。

整体而言，臭鼬比较喜欢在夜间出没，这是它们另一项用以自保的特质。但以上这些习性都无法真正保障臭鼬的安全；它们靠近消化道尽头处有一对腺体，能够喷出恶臭难耐的分泌物，人人都知道这才是臭鼬真正的保命王牌。它们一身漆黑皮毛，背部却有两条白线，这在白天十分显眼，但它们能一派从容、大摇大摆地现身。"长久以来的经验让它们知道自己面前没人敢挡路。"如果有哪个不知死活的家伙想要争道，臭鼬就会喷出令人作呕的分泌物，两道液柱能射达一米远的地方。不过，我们不应夸张地认为臭鼬因此得到了全方位保护，因为它们还是常成为郊狼、美洲狮、角雕和大雕鸮这类猛禽猛兽的盘中餐，更何况臭鼬肉尤其美味，且市场上对臭鼬毛皮的需求日益增长。有些人会以人工方式大规模饲养臭鼬，并用一个简单的小手术将其臭腺移除。值得一提的是，臭鼬其实个性温和，并不排斥人类的陪伴与保护，小臭鼬不仅爱玩，还对饲主有感情。

与条纹臭鼬不同，獾臭鼬背后只有一条白线。这种生物的大本营在南美洲，但分布区域与条纹臭鼬有部分重叠。獾臭鼬更爱掘地洞、更偏好夜行，也更爱以昆虫为主食。

同族另一种生物是小个子的斑臭鼬，它"身上对称的黑白两色斑纹富有奇趣，为其他哺乳动物所不及"。它的饮食内容多样，甚至包括水果与蕈类，而且它动作敏捷，与另外两种臭鼬很不相同。不过，斑臭鼬也会喷射出双重臭液柱进行攻击，这就是西班牙博物学家弗朗西斯科·赫南德斯·德托莱多（Francisco Hernandez de Toledo）在其书中所记（出版于一六二八年）：它们在性命攸关时会使出强大武器，向后喷出让人无法忍受的毒气，周围空气也因此变得凝滞，有一位传教士曾郑重表示"光闻而已，肌肤都会有所感觉"。许多食肉目动物都生有会分泌难闻液体的臭腺，但同样特征在臭鼬身上却被扩大为有救命效果的习性，这个例子让我们得以一窥生物演化的其中一种方式。

※　　※　　※

体态精妙的鼯鼠在北美洲分布广泛，它们保命的秘诀是随身携带的降落伞——英国的生物中没有任何一个具有类似特征。这顶降落伞由前后肢之间一层薄薄的皮肤延伸而成，能够让这只小巧的生物在黄昏时分从一棵树滑翔到另一棵树。它们能控制滑翔的方向，也能在一路飘落接近终点时稍微拉升，但并不能像蝙蝠那样真正飞翔，也就是说，它们并不会像鸟类振翅一样用皮膜扇动空气。

南方鼯鼠是种迷人的小生物，身长约十三厘米，外加十厘米长的尾巴。它们住在树洞中，有时会群居。它们是夜行动物，因此拥有一双大眼，有时人们可以看到它们在暮色里快乐嬉戏。白天时，它们会把自己蜷成一颗毛球，呼呼大睡。它们能用各式各样的食物填饱肚子，例如橡实、鸟蛋、山毛榉坚果、昆虫、嫩芽、玉米等，而这样的条件自然有助于生存。另一项对生存有益的特质就是母亲尽心竭力的育儿行为，这一点我们之前已经一再强调。E.W. 尼尔森先生提过一个例子，一窝毫无行动能力的幼鼯鼠，被从空心枯树中的窝巢里移出放到地面。"稍后，回家的母鼯鼠发现孩子不在窝里，它很快就发觉小孩在地上，于是便立刻爬下树来，叼起其中一只带到枯树顶，一跃而下滑翔到九米外的另一棵树上，然后爬到那棵树高处，将小孩安全放在一个树洞里。母鼯鼠一再重复同样的工作，直到所有小鼯鼠都在新地点重聚。"读到这里，我们不得不说，这种生物能够生存下来真是有道理啊！

以上这些例子足以说明，美洲的哺乳动物面对求生问题时有各式各样的法宝；但其实不同的例子还有很多，只是再说下去可就没完没了了。有时是某种手段，有时是某种全新机会，有时是构造上或栖息地的大改变，任何地方的生物都在努力善用这些东西来帮助自己赢得生存之战、活得更加安康。"装死"的负鼠常能成功逃命，囊鼠像矿工一样整天待在地底，许多松鼠跑到树顶寻求安全环境，食肉目的美洲水鼬、啮齿目的麝鼠都往水里钻，前者捕鱼，后者吃水草。很多美洲哺乳动物都以夜行习性为自保之道，其他有些身着迷彩，有些则以冬眠方式化弱点为优势，还有些更以群居生活阐明"团结就是力量"的至理。这么多答案，都只为解决同一个问题——如何不让自己的肉体与灵魂太早分家。

"人们为什么劳苦，为什么呐喊？"曾有诗人如此问道。这个问题的答案就是："他们要糊口，他们要养家，把小孩好好拉扯长大。"

人是如此，动物亦是如此。

第四章

北极的哺乳动物

环绕北冰洋的大片陆地上只有少数几种哺乳动物，而且体形都非常娇小（只有两种除外）。然而，北冰洋洋盆却是数种大块头哺乳动物的家园，有些还是世界上现存体形最大的动物。造成这种差异的原因是什么呢？北冰洋海水中富含微生物（包括动物与植物），而地球上所有生物都依赖这些迷你生命体存活；这种依赖关系可能十分间接，但无人能否认它的存在，其最常见的表现就是食物链。

　　就来画条长长的食物链吧！北极熊的主食是海豹，海豹吃鱼，鱼靠海中满满的甲壳动物活命，这些甲壳动物又以海洋表层数以百万计的微生植物与微生动物果腹。海洋食物链的第一环必然紧扣硅藻这类微生植物，因为所有绿色植物，不论大小，都有仅靠无机物——空气、水、盐分——生存的本领。只有个别微型动物也拥有植物专属的绿色染料叶绿素，因此能以植物的手段营生，其他任何动物都没这本事。也正因为如此，无机界那取之不尽、用之不竭的营养成分都必须先由植物取用，再转手给其他生物。

　　某些地区有茂密的海藻生长，这对海胆等许多生物而言是水草丰美的牧地，且藻叶碎片还能向下、向外沉积，让海床上的淤泥更加肥沃。此外，从冰河河口崩落的冰山常夹带大量岩屑，这也是造就海底淤泥层的重要功臣。夏季，冰河融化成湍流大河，也会从陆地冲来巨量泥沙；在内陆平原上构成富饶冲积层（如阿尔卑斯山山脚地区）的那些东西，到了北极之后就成了海底沃壤。

　　比起赤道一带的海水，北方海洋表层的海水中富含大量的微生物，其道理何在？已故的约翰·默里[1] 爵士曾说：任何人只要有艘船、有副拖网，就不可能在北方海上饿死，因为在这里不耗时、不费力就能捕到大量小型甲壳动物。这些小生物是虾的远亲，体内富含油脂，营养价值极高，是生活在寒冷地区的人们不可或缺的食物。除了小型甲壳动物，还有不可计数的软体动物在冰冷的海水中游来游去，其中就包括构成须鲸饮食主要内容的浮游生物"海蝴蝶"（sea-butterflies）。此外，这里还有其他许多或游泳、或漂浮的小生物。让北冰洋海域成为繁荣渔场，这对人类来说是非常重要的。然而，由迷你植物构成的"海洋牧草原"是这一切的基础，它们多如恒河里的沙粒，但我们仍可大致估算一个数量；说到食物链最底层，像多甲藻这类微型绿色植物也必须包括在内。

在此我们提出另一个问题：某些特定生命，如硅藻或多甲藻，在冰冷海域中的个体数量远多于在温暖海域中的数量，这是为什么？一个可能的原因是低温使得新陈代谢减缓，从而使生物寿命延长，最终出现多代同堂的景象；而温暖海域中的生物新陈代谢较快，寿命也较短。无论如何，我们可以陈述以下事实：温暖海域中多甲藻的种类较多，但每种多甲藻在北方海域的个体数量远高于南方。

北极熊

北极熊是个伟大的典范，是生命能够征服严寒的象征。它甘于冒险犯难，极少踏足冰层南界之外。它将夏天大部分时光消耗在环绕北极的冰层上，或在开阔的水域里长泳不倦。到了黑暗冬季，它必须不断在岛屿或大陆边寻觅食物；也只有在这段苦日子里，北极

---

(1) 约翰·默里（John Murray，1841—1914）：苏格兰海洋学家、海洋生物学家与湖沼学家，被尊为现代海洋学之父。

熊才会对人类怀有敌意。

北极熊不仅是熊族内的巨人——身长可达近三米——也是最虔诚的肉食主义者。这种生物对肉食需索无度，却住在冰冷的北冰洋地区。

如果知道了此地海豹数量丰足，我们就会发现上述现象并不矛盾。有活力的自然界必定包含被猎与狩猎的生命轮回。北极熊似乎是靠气味而非视觉搜寻海豹，它对于伏击非常有一套，比如，北极熊会在广阔海面上，朝着一只在冰上晒太阳的海豹游去，而后，它的上半身蹿出水面，将海豹的头颅一掌拍碎。

另一项技艺更是名不虚传，它能一招把整只海豹击出水面。我们能看到北极熊俯伏在浮冰边缘，耐心等待海豹浮出海面呼吸。"只要海豹头一浮现，北极熊的巨掌就挟带着雷霆万钧之力扇下，一击将昏晕的海豹打飞到冰面上。"这不仅需要强大的力量，还需要良好的判断力、无比的耐心以及当机立断的能力互相配合——北极熊真不负狙击大师之名。

北极熊能连续游泳数千米不显疲态，它身上的厚毛与脂肪能够帮助它保持珍贵的体温。它的掌底异常多毛，可能是为了在光滑的冰面上增加抓力。它简直就是为了成为北极霸主而生。

苏格兰捕鲸船员把北极熊叫作"棕仙"，因为它的毛色呈奶油黄，远看就像一片片遍布在浮冰上，由各种微硅藻混入冰内而形成的斑状黄冰。已故的 W.S. 布鲁斯[1] 博士有过精彩万分的北极探险经历，他指出：相对于它所处的自然环境，泛黄北极熊在纯白冰层的映衬下的确显眼，但它能隐身于黄冰斑块中。他还说，有一次，二十五名船员在甲板上举行宗教仪式，一只北极熊慢慢靠近，距离

---

(1) W.S. 布鲁斯（William Speirs Bruce，1867—1921）：苏格兰博物学家、极地科学家与海洋学家，曾领队前往南极探险（也曾数度前往北极考察），在南极大陆上建立了第一座正式气象站。

不到一百米，但除了正在诵读经文的大副，竟然没有人注意到它。这只北极熊身处的地方毫无遮拦，但人们几乎看不见，因为它实在太像一块冰上黄斑了！

既然北极熊除了人类外毫无天敌，那我们只能推测，它长出这一身乳黄色的毛，并非出于躲避敌人这种实用的目的；同样地，对于"淡黄色有助于北极熊伏击猎物时隐身潜行"这一理论，我们也不应轻信，因为这身黄在白色冰面上其实很醒目，不然它们也不会被称为"棕仙"。若非得找出黄色皮毛的实用目的，那我们只好从另一处下手，先了解以下事实：对于身处严寒气候中的温血动物而言，最能保持体温且不散热的毛色就是白色，其次就是乳黄色。北极熊幼年时毛色最白，且一年之中，它们的毛色会在冬末春初时变得最浅。

棕熊新生儿颈部后方有一条白色纹路，类似马来熊与亚洲黑熊颈前的白环（这道"白项链"终生都在，不像棕熊的纹路会在长大后消失）。一般而言，动物幼年时具备但长大后就消失的特征通常传承自祖先，因此我们也不得不猜想，小棕熊后颈那条白色的带子很可能暗示着棕熊的祖先毛色较浅。

人们都说北极熊会冬眠，这是难以破除的讹传。北极圈中没有哪种生物能够真正冬眠，因为在漫长黑暗的冬季，不论地表还是地下都极其寒冷。只有在气候过于严酷或是母熊即将分娩时，北极熊才会挖个阳春雪洞待着。母熊在冬天生产，它与刚降生的一两只光溜溜的小熊需要临时栖身处。尽管如此，它也不会一直待在雪丘上的窝里，而是必须四处奔走，毕竟，食物可不会自己送上门来。

当了母亲的北极熊爱子如命，为了保护幼崽可以不顾自己的性命。我们经常看到两三只熊走在一起，那就是母亲和它的孩子们。直到小熊成年，母熊才会放手让孩子离家自立。北极熊是彻头彻尾的个人主义者，除非到了交配季节，否则公熊母熊并不会一起生活。

让我们向北极熊致敬，敬它熊如其名，是最顶尖的极地探险家、征服凛冬的霸主，雄壮如狮子，冷酷如牦牛。说到奇袭，连猫都要敬畏它们三分；若论耐性，连狗也自叹不如。它们孤傲独行，却又是慈爱的母亲。我们衷心希望，这些"海中巨熊"的威光能在北极堡垒中长存！

海象

说到北冰洋的特色居民，除了北极熊就是海象（walrus），这是极地地区最奇异的哺乳动物之一。海象与海豹同族，且在族中体形最大。我们通常把它们分为格陵兰海象与太平洋海象，但两者的差异其实只在体形与体重大小罢了。

"所有曾行于陆的活兽里，"美国纽约动物园的霍纳迪博士写道，"最奇妙的就是太平洋海象。成年雄性海象是一座起伏的活肉山，全身是皱纹、褶痕、凹沟，像希腊神话中的'萨蒂尔'[1]一样丑，就连习性也与外貌一样怪异。"

从这段话来看，海象绝非什么美丽动人的生物。不过它还是有自己独特的优点，就连外观也并非完全不可取。它的头部长有浓密胡须，与庞大身体相比显得稍小。它的肩膀宽大而厚实，因此当人们看见一整群海象以它们最爱的、几乎是立于水中的姿态朝向自己时，那景象只有"壮观"两字可以形容。有些说法认为海象是美人鱼的原型，不过现在一般认为海牛才是美人鱼本尊。

成年雄海象体长可达四米，重量可达一吨，皮肤粗厚无比且生满了疣状凸起。年幼海象身上披有一层褐色短毛，随着年纪增长，

---

(1) 萨蒂尔（Satyr）：酒神狄俄尼索斯的随从，通常以半人半羊的模样示人，爱好饮酒作乐。

这些毛会逐渐脱落，因此成年海象大都全身光溜无毛。它的口鼻部能够活动，上面长着又长又粗的鬃毛，从这些鬃毛在口部周围的生长位置来看，功用大概类似于筛子。

海象上颌有两根长犬齿（獠牙），雌性的獠牙稍长，但不如雄性粗壮。这对獠牙不断生长，可能长到一米；它们的用途不少，对拥有者来说是非常重要的求生利器。它们是可怕的武器，海象能用它们向下、向侧边，甚至向上戳刺，动作又快又狠。世上只有北极熊强壮到敢攻击海象，但连它都得步步为营，因为海象有本事反过来将它压制到水中，使其活活溺毙。据说海象还会借助象牙爬到光滑的冰山侧面。

不过，海象牙的主要用途还是取得食物。浅水区泥沙里满是蛤蜊等软体动物，海象就以它们为食，用獠牙从泥中挖出大餐。它能长时间待在水底 —— 据说可达一个小时，虽然这一定不是常态 —— 而且它的骨骼很重，与庞大的体积相称，能帮助它在海床上维持平衡。过去我们以为它只吃软体动物、螃蟹与其他小型甲壳动物，但在它胃部的残余物中却发现了不少鱼类，甚至偶尔还有海豹遗骸。所以说，海象很可能像北极熊一样，会用任何当下可得的猎物果腹。

它的脚上有蹼，前脚生有小小的趾甲，下头则是粗糙的肉垫，能够帮助海象在光滑的冰面上站稳脚步。其前肢在肘部以上与身体并合，一双后肢外裹着一层皮膜，几乎覆盖到足部，也把尾巴一并裹住。可想而知，海象在陆地上活动时必定又困难又笨拙，但它也不会像表兄弟海豹那样东翻西滚，毕竟，它有个别人没有的优势：它能将后脚转向朝前，然后以某种方式"行走"。说到底，大海才是海象的故乡，它极少跑到远离水滨处。

海象的生存范围局限在北冰洋，这并不是因为它身上的哪种特殊构造限制了它，而是因人类活动而被迫逐步北迁。一直到十五世纪前，人们都还能在苏格兰北部看到它们的踪影，此后过了许久，它们仍是冰岛的常见景观。但是现在，就算在斯匹次卑尔根岛⁽¹⁾的北岸也鲜有海象出没。一八五二年，此地发生了一场大规模狩猎行动，数小时内，数百只海象惨遭屠戮，随行的船只根本载不下，约有一半被打死的海象就被留在了海滩上慢慢腐烂。如今，大西洋海象整年留在格陵兰北方海域的浮冰上，太平洋海象则分布在阿拉斯加沿岸各处，且在白令海各岛间自由移动。幸运的是，在这些僻远的地区，海象族群仍然繁盛。一位美国观察员回报说，当他沿着阿拉斯加海岸浮冰群的边缘航行时，曾连续数小时看见"整条不间断的海象行列，总数定有几万只"。

当它们在陆地上休憩时，总是成群挤在一起躺着，这想必是替彼此取暖的好习性！但这种动物保存体温还有另一个法宝，就是趁着夏天活动量大、又能取得大量含油食物时，积存厚厚的脂肪。其他温血动物在需要时则能依靠肌肉制造更多体热。海象会在秋天时变得懒散，常躺作一堆不动，几日不去觅食。和其他群居动物不同，海象群并不派人站岗警戒，但自有一套守望相助的法子。一只海象会突然醒来，紧张兮兮四处张望几分钟，然后把它的邻居推醒，自己则再次睡去。这位邻居也会重复上述动作，再去推它另一侧的海象，如此一只接着一只顺队列而下。一个海象队伍可能由上百只海象组成，同一时间里，总会有一两只醒着吧！

海象的繁殖期长达两到三个月，其间它们待在陆地上，就算必须入海觅食，也会尽可能留在海岸附近。它们和一夫多妻的海豹不同，是成双成对生活，一胎只生一个小孩（至少太平洋海象是如此）。说实在的，看过海象宝宝的体形，我们也无法想象海象妈妈怎么可能一次照料两个以上的巨婴，它不仅要将孩子随时带在身边，还要哺乳长达一年。海象的育儿时间如此长，似乎是因为海象牙的

---

(1) 位于挪威北部斯瓦尔巴群岛，北冰洋、挪威海、格陵兰海交界处，是该区唯一有人居住的岛屿。

发育晚于身体其他部分，而幼海象在象牙长成前都无法自行挖掘食物。母海象对孩子宠爱备至，它平时个性怯懦，但为了保护小海象会凶性大发。它会将孩子夹在前肢之间，带着一起跃入水中，入水后则改为背在背上。布鲁斯博士说，他曾看过上百只海象妈妈在船附近悠游，每只都背着小孩。人们曾试图捕捉幼海象加以饲育，它们既合群又爱玩，但在人工照料下总活不久；至于成年海象，则从未有过在人类豢养下存活的记录。

对于海边的因纽特部族而言，海象具有无可取代的重要性。海豹的肉与脂肪可能味道更好，海豹皮能做成较柔软的衣裳，但幼海象的肉风味也不差，成年海象肉更能在物资短缺时用来充饥。海象的厚皮能制成雪橇犬身上的完美挽具，脂肪能用于照明与烹饪，至于海象牙，虽不如象牙坚硬洁白，但也能做成杯盏。此外，它的骨骼与肌腱也有不少用途。

因纽特人能轻松猎杀在陆地上的海象，也会驾驶覆皮的轻快独木舟出海捕猎。后者风险奇高，虽然海象生性并不好斗，但会出于好奇群聚在船只周围，只要其中几只被杀，就会刺激其他海象暴怒，群起而攻击独木舟，而只要一击就足以使船只翻覆。面对因纽特人的独木舟与鱼叉，海象自有其防御之道，况且就族群的庞大规模而言，人类为求生所杀的区区几只实在不算什么。可悲的是，想要海象身上脂肪、皮革与象牙的并不仅仅是因纽特人，那些早期进入这些地区的商人对海象进行了无情的滥杀，导致这种美妙的生物濒临绝灭，只能在人类难以踏足的北冰洋上安全存活。

北冰洋其他哺乳动物

北冰洋地区有许多海豹，它们适应海洋生活的程度比海象更甚，这一点从一个特征上就可以得到证明：它们的后腿已变为向后延伸，并与短尾巴连在一起，成为有力的方向舵。也正因为如此，海豹上岸时极不善于行走，其动作之笨拙常使它们无力保命。我们已在前面讨论过它们的生活形态，此处不再赘述。

这里的海豹很多，鲸的种类也不少。巨大的格陵兰鲸（Greenland whale）长度从十五到二十米不等，活动范围仅限北冰洋，目前的数量正在急剧减少。它以远洋大海中丰足的甲壳与软体动物为食，利用鲸须板多须的边缘过滤并捕捉这些细小的动物，再用舌头收集起来。奶油色的白鲸最为醒目，它身长约三米，在北冰洋外缘岸边徘徊，还会游入河流追逐鲑鱼和其他鱼类。有趣的是，幼白鲸其实是灰黑色的，要等长大后才会变成白色。

白鲸的亲戚一角鲸（narwhal）是水手口中的"独角兽"，它也在环极地区生活。它仅剩下一颗牙齿，而这颗牙齿在雄鲸身上会变成一根（极少数情况下是两根）螺旋扭曲的长角，长度可达二到二点五米！这根角的用途我们并不清楚。雌鲸并没有角。

北冰洋上还有一种哺乳动物必须一提，那就是海獭（*Enhydra lutris*）。它是水獭家族里唯一彻底过着咸水生活的成员；水獭是海獭的远亲，也常造访潮区与河口，但主要仍待在淡水区。现在海獭已经难得一见了，但在那海兽的光辉岁月里，商业活动与火器入侵极北之地前，海獭在此地可谓繁盛。它在陆地上行动不便，但一旦下水就是一尾蛟龙，人们曾在离岸二十四千米处看见海獭群泳。它们很爱仰躺着浮在水面上，伸长后腿和有蹼的双脚，偶尔会纵身捕鱼，但立刻又回来，继续脸朝天漂着。传言说，仰漂的海獭会把一团海带从一手抛到另一手，以此自娱；也有人说，海獭妈妈会用一对前肢抱着小海獭，"逗它玩耍好几个小时而不倦"。

它们常在大片浮游海带上休憩，甚至可能以这种海带浮台作为育儿场所。

北方森林中的哺乳动物

贫瘠的冻原之南是一片带状森林，这里以针叶树为主，北边散生着桦树。森林与荒原之间没有明显的界线，这里有几片冻原伸入丛林，那里又有零落几丛树木占据冻原土地。在河流切出的深谷里生长着宏伟的落叶松；白桦树则到处都是，越是缺乏遮蔽，个头就越矮小。当森林向南方伸展时，很快就会出现山楸、稠李、赤杨，错杂在松树和白桦之间；落叶树越来越多，森林也不复原本清一色针叶林的样貌，只在高山上还保留着些许北方特色。最后，树林终于消失，地表换作一片无垠的大草原。

针叶林的样貌与密集拥挤的热带雨林存在天壤之别，这里的树木间隔很宽，底层植被不甚繁茂，没有大批蔓生或攀绕植物；因此，虽然林间障碍物不少（如倾倒的树干），但要寻出一条通道来并不难，不会因浓密的灌丛阻碍而无法前行，这里的林栖动物特征也不如热带丛林动物那般明显。这儿的确有不少动物整天待在树上，但也能离树自由活动，不太有为了适应林栖生活而特别演化出的特质。北方森林里的绝大部分居民都有能力在其他环境里安居乐业，而它们选择此处一方面是为了隐蔽自己，另一方面也是因为这里的食物更多，而且全年稳定供应（这点最重要）。

春天与早夏时节，水草丰美无比的南方草原是草食动物的人间乐园，而这般荣景远非北方森林所能及。但时节一入秋冬，南方草原便成一无所有的荒漠，这般惨况也不会降临在北方森林。

某些地方的针叶林里住着数量繁多的雷鸟（capercailzie）、黑琴鸡（blackcock）、柳雷鸟（willow grouse）和其他野禽。它们会在春季恣意取食嫩茎与新芽。随着夏季到来，它们每天都得出远门，走上好几千米，寻找一处森林大火造成的空地；在那里，焦黑的残干间长满了低矮的莓果类植物，果实足以让鸟儿大快朵颐。这些植物在秋天仍会继续结果，而且就算莓果没了，还有杜松子，五叶松也会结出可食的松子，这些都是鸟儿可依赖的食物来源。

大雪纷飞时，吃苦耐劳的鸟儿会在入夜前在地上掘洞栖身，它们常躲在里面直到隔天太阳高照才醒来，然后扇动翅膀而出。此时万物衰败，但仍有些松树枝丫未被霜雪覆盖，其上的松针可供果腹。这些勤苦的鸟儿并不能免于天敌威胁，它们会遭到小型肉食动物猎捕，而大型肉食动物更不会放过这些野味。幸好此地极少有偷蛋的蛇与哺乳动物，且它们惯于改换觅食地点，让猎人无从下手。总而言之，森林非常适宜野禽生存。

针叶林也为许多大型草食动物提供了食物和栖息场所，其中鹿群是别具代表性的森林生物。驯鹿和北美驯鹿都有适应林栖生活的变种，其体形往往比住在冻原上的亲族稍大。旧世界的北方森林里有东欧马鹿和麈鹿，新大陆上则有加拿大马鹿和白尾鹿。不过最有趣的恐怕还是驼鹿（*Alces alces*），它在众鹿中个头最大，分布于欧亚大陆；加拿大的美洲麋鹿是它的亲戚，体形也特别大。

麋鹿外貌粗野，腿长脖子短，上唇丰厚悬垂、具有抓握力，一双大角犹如铁锹。它忍受不了外力骚扰，遭到包围时就脑袋混乱无法思考，因此，在农业社会的不断发展过程中它很快销声匿迹。幸好，它们在斯堪的纳维亚受到了良好的保护，在俄罗斯和西伯利亚也还能站稳脚跟。"它是彻头彻尾的森林动物，就算身处泥沼或林泽，也能像在灌丛或林木间一样自由自在，轻松克服森林或沼泽中的障碍。它有良好的饮食习惯，即使在贫瘠的冬日里也不用担心；不论是猎人跟踪还是强敌追逐，它都能轻易甩脱。它的敌人包括野狼、猞猁、熊和狼獾，但就算把这些猛兽加起来，或许也不会真正对麋鹿产生威胁，因为它既强壮又勇敢，脚下尖锐的鹿蹄是比头上的大角还厉害的武器，两者它都能使得虎虎生风。它或许会遭受野熊的奇袭而败下阵来，但也绝对能与野狼一对一单挑、将对方击倒在地，甚至面对永远吃不饱的狼群都有可能以寡敌众。"

　　麋鹿无法嚼食地表植物，因为它们的腿太长、脖子太短，只能咬到低矮树枝、灌丛表层枝叶以及长草。一到夏天，它们会在大部分时间里（尤其在夜里）把全身浸入草泽泥潭，开怀大嚼多肉的水草；它们会把头埋入水中，将水草连根拔起，然后从鼻孔里呼出轰隆一声，吹掉草上的泥水，巨响声可传千里。当草泽开始冰冻时，麋鹿就撤往高处，以干燥的食物为食。据说加拿大的美洲麋鹿会在地上踏出一片平坦的"麋鹿场"，以周围的灌木为食，而此地就是它防备狼群攻击的阵地。

　　哪里有大量草食动物，哪里就有大量肉食动物。无论是在欧亚大陆整片泰加林 [1] 中，还是在加拿大森林里，都有数量可观的狼群。但这数量究竟可观到什么程度，我们无法确认，因为"它们到处都是，却又神龙见首不见尾。今天某座村庄里的牲口遭到洗劫，明天远地的羊群又被偷袭；它们会突然从一处消失，又突然归来重建势力，全都毫无征兆。这里的捕狼人全都铩羽而归，那里的防狼措施全如镜花水月"。寒林中的狼不常集体狩猎，但一头独行的狼就足以导致牛羊惨重伤亡。

　　西伯利亚似乎没有野猫的踪影，相较之下，它们在欧洲某些地区还更常见，至少在苏格兰北部也并未绝迹。除了偶尔会从南方前来造访的老虎，猞猁（lynx）是西伯利亚唯一的猫族代表。这种美丽的生物在野猫中体形最大，身长可能超过一米。以猫的标准而言，它的腿部奇长，站立时肩部离地半米多高；一双尖耳顶端有毛，颊上也有两撮，这让它在猫族中与众不同。它既聪明又充满戒心，鲜少落入陷阱，还常反将一军毁掉捕兽器。它只要有小动物吃就满足，

———————
（1）　译注：泰加林（Taiga）即俄文的"森林"之意，专指北极圈周围横跨欧亚美三大陆的针叶林。此处是欧洲用法，认为泰加林仅指欧亚地区（也就是旧大陆）的寒林，加拿大、阿拉斯加一带的不算在内。

菜单内容包括鸟类、松鼠、野兔，甚至还有小鼠；既然这些生物在森林中随处可见，猞猁也就不需要离开森林。"野禽有多害怕猞猁？从一件事可以证明：只要猞猁发出一点声音，任何原本鸣叫着的雷鸟与黑琴鸡都会立刻噤声。"

如果食物短缺，或它原本的狩猎对象改换觅食场所，猞猁就会向森林边缘移动，成为较大型动物的梦魇。"就像其他的猫一样，猞猁的嗅觉并不灵敏，跑步速度也不出众，无法在追逐战中取胜。它的耐性以及无声无息的潜行技巧，能让它靠近猎物身旁。它比狐狸还有耐心，但智巧略逊一筹；它不如狼肯苦干，但跳跃能力较佳，也更能挨饿；它不如熊强壮，但更懂得居安思危，眼力也更敏锐；它的牙齿、颌部与颈部独具力量，虽不贪吃，但热爱温暖鲜血……"猞猁生性如此嗜血，有记录说某只猞猁曾在数星期内杀害四十只绵羊。此外"有人曾目睹加拿大猞猁跳上羊背，不断狠咬羊眼，直到对方倒地"。

棕熊

棕熊（brown bear）是种特立独行的动物，无法被归为肉食或草食，因为它对动植物来者不拒。除了繁殖季，它都是独来独往的，在林间四处游荡，心情好就出林透气，除非被攻击，否则绝不动粗，仅在极少数情况下才捕杀大型动物。然而，大众总爱赋予熊个性好、有幽默感的形象，这与真相实在相差十万八千里。据日耳曼动物学家布列姆所说，熊的好个性其实是一种漠不关心的态度，而所谓的"幽默感"其实是因为它走路左摇右晃十分滑稽，因此给人这种联想。它看似悠闲漫步，其实速度很快，且随时能拔腿以惊人的高速冲刺。它长长的后腿便于爬上陡峭山坡，不过下山时它就得小心翼翼了，不然身体容易失去平衡。它的爪子尖锐有力，是爬树的好帮手，而且它还是个游泳健将。它疑心颇重，总是东张西望，但并不具备狐狸或狼的狡猾头脑。它不喜与人类或其他强敌正面接触，但如果避无可避，它也会坚定迎敌，依靠强大的力量作战。

整个夏天，它都过着与世无争的生活，每天在森林里沿着自己独有的散步路径，准时经过每个地方。我们能从它留下的足迹与其他线索得知它一天内的行踪，许多追踪过熊的猎人也都有类似的记述。它在某处拆了座蚁巢，把肥白的蛴螬跟蚂蚁一起大口吞下；又在另一处留下几片飞散的羽毛，代表它在此地遇上一群野禽，于是扑了上去，成功得手。到了河岸，它会抓鱼，但因实在不缺食物，所以它只吃了鱼头，把鱼身留在岸边。

若在春天，它会花费数日跟随逆流返乡的鱼群，但现在它可不这么做，它只是一路晃回森林，把还没长高的山毛榉枝干拉弯，采下上面熟透的果实，还顺手从枯树树皮下挖出昆虫幼虫当作零食。现在，它来到一片空地，那里长满了蔓越莓和山桑；它平时习惯在此享用莓果，但这块空地离人类的村镇不远，有几个妇人和小孩正在采莓。这头熊一步不后退，只是站在原地开始低吼；采莓人拔腿就跑，它知道人类会这样，也不想再理会这些陌生客。人们只管逃命，却把野餐篮忘在原地，于是这头熊毫不费力又取得了一顿美食。这下它可吃饱了，回到森林里，把一天里剩下的暖洋洋的时光都用来做美梦。夜幕降临，它的肚子再次咕噜叫起来，它醒来后，立刻爬上高树。放眼望去无人无狗，远方金色的田野看起来又无比诱人，于是它决定往农田里走去。它下了田地，一屁股坐好，把周围丰美的麦穗全抓下来吃。一旦四周清空，它就爬起来转移阵地，再次一屁股坐下，吃掉身边的麦穗，一路这样慢慢往前推进。

这时飘来蜂蜜香气，受到吸引的它开始寻找蜂巢所在。蜂农既要预防蜂巢沦丧熊手，又要让蜜蜂方便采集森林边缘繁花的花蜜，因此将蜂巢绑在大树高枝上，并清除低矮的枝丫，让整根树干无攀缘之处。但熊可不会轻言放弃，它拥有锐利的爪子，且爱蜂蜜爱到痴狂。它成功爬上树，打落一座蜂窝，带着战利品扬长而去。但困难还在后头，此时激愤的群蜂将它团团围住，朝着身上几个要害处轮番猛攻。于是它放下蜂巢，试图用大掌拍掉这些索命的小阎王，但蜜蜂很快又重新聚集起来。它急忙跑向附近的沼泽，用冰冷的泥水抚慰自己红肿的鼻子；然后又回来捡起蜂巢，奋战不懈，终于吃到了香甜的蜂蜜！

随着冬天逼近，熊会变得极其肥胖；据说，如果它去到更南的地方，将橡实加入日常菜色，就会胖得更不像样。白雪落下时，它会找到地洞、岩窟或一棵空心树，将里面铺设舒适，之后看自己身上积存的脂肪有多少，就会睡得多熟。不过，熊并不是冬眠动物。母熊在生产前安静少动、满是睡意，但只要它开始哺乳，就会感到强烈的饥饿，必须出门觅食。

猎人在冬天时常寻找熊的休眠之处，意欲攻其不备，但此事风险极高，因为睡熊一旦受到打扰就会大发脾气，无视危险疯狂反击。熊在这个季节最为人所惧，因为可供充饥的植物极少，它只要逮到机会，就会攻击任何大型动物。有时，它对鲜肉的渴求如此强烈，杀戮欲望随之增强，在这种情况下"变成掠食者中的掠食者"，不只攻击麋鹿和其他鹿群，还会杀死牧场的马儿，或为了捕杀牛只而毁坏牛舍。有人说，曾有一头熊用两只前掌捧着新猎杀的牛，直立着涉过小溪；这头熊还曾将一只麋鹿从沟里拉出来，拖着它穿行沼泽八百米。

欧洲野牛

说到森林动物，我们还要举欧洲野牛（European bison）这个例子，它是美洲野牛的表亲。之所以要提到它，原因有二，一个诗情画意，另一个可悲可叹。诗情画意的原因是，欧洲野牛是人间现存最壮伟的动物之一，它站立时肩部离地将近一米八，力大而勇悍。可悲可叹的原因是，这种伟岸的生物已濒临灭绝，第一次世界大战之后，欧洲野牛只有少数族群残存于一些蛮荒地区，后来就连这些族群中的大多数成员也在战后的余波中丧命。

欧洲野牛的学名为 *Bison bonasus*，它有不少别名，如"威森特"（wizent）和"詹布拉"（zambra）；也有人误称它为"欧洛克"（auroch）——但这名字其实有些晦气，它是原牛（*Bos primigenius*）的别名，而原牛已在十七世纪早期（可能是一六二七年）从人间永远消失。

欧洲野牛与美洲表亲一样，上半身体积庞大，蔓生粗毛的肩部是全身最高点，背部线条由此逐渐下沉。它的头部短钝扁平，牛角长度中等但坚实无比，角与蹄都是黑色。人们看见它，第一印象大概就是满身长毛，褐色、红色与深灰色的软柔兽毛厚厚一层覆满全身。它的尾巴尖有一撮近乎黑色的毛，腮下的胡子也是同样的色调；有趣的是，据说这胡子在母牛和小公牛身上最为明显。第一场雪落下后，野牛就会换毛，改成最能保暖的"服装"过冬；只要春季融雪，这身冬毛即刻脱落。比起冬天，公牛的毛色在夏天偏红，母牛则会从夏天的红棕色换穿冬天的深灰色。它的皮肤带有腥味，而这气味也会渗入肉中。

野牛曾经遍布欧洲各地，连英国都是它们的天下，其势力范围可深入小亚细亚，甚至是土耳其斯坦[1]。依据理查德·莱德克[2]的

---

(1) 译注：土耳其斯坦有广义狭义之分，广义指的是在里海、阿富汗之间的广大区域。狭义则指塔什干一带、哈萨克草原以南的绿洲地区，现在分属于多个小国家。这里的用法为狭义。

(2) 理查德·莱德克（Richard Lydekker，1849—1915）：英国博物学家、地质学家，出版过多部自然史著作，在一八九五年定下划分印尼不同生物地理环境的界线，称为"莱德克线"，这是对最早的"华莱士线"的修正。

记载，连加拿大与阿拉斯加都曾发现欧洲野牛（而非美洲野牛）的骨骸。由于森林遭到砍伐，农业地区扩张，文明逐步发展，这种壮美生物的生活范围在数百年间越来越小。十九世纪后，只剩下波兰比亚沃维耶札（Bialowieza）与立陶宛两地的森林，以及切尔克斯（Circassian，俄罗斯）山区多树地带还有它们的踪迹。据说在十九世纪早期，比亚沃维耶札约有三百头欧洲野牛，到了一九一四年，数量已经增长超过一倍。然而，就算最健壮的个体还能从拿破仑战争中幸存，没有一只野牛能熬过世界大战的摧残（据说其实有七只残存，但后来也都不幸死亡）。切尔克斯人迹罕至的原始森林中还有小群野牛存活，只是如今似乎也都已消失。

野牛主要在森林里生活，但偶尔也会离开树林找寻水草。它讨厌炎热与强光，喜欢在高地林中溪边偶有长满蜂斗叶属（butterbur）植物的开阔处享受沁凉的空气。它们喜欢在沙地里打滚儿，切尔克斯山区有些被称为"托奇基"（totchki）的短坡，野牛可以在上头用背部溜滑梯，一滑就是两三米远。它们能爬到海拔一千五百米左右，但并不超出针叶林带的范围；冬季雪深霜浓时，野牛会转移到海拔较低处。

母牛与年轻公牛常集体出没，一群通常六到七只，有时甚至超过二十只。老公牛独居林中，只在繁殖季现身统领族群。民间流传着许多这些"独居男子"的恶行恶状，比如，有个农人堆在户外的干草堆被一只头野牛吃了个精光，储放马铃薯的地窖随即遭到另一只洗劫。有只野牛一整天横躺在路中央，不动如山，连工作人员开车前来都碰了钉子。还有一只简直成了斗牛场上的疯牛，不必红布挑衅就已蛮性大发。

野牛能在二百米外嗅出人类的气味，眼力也很敏锐。林中太多声音细碎嘈杂，除非拥有远甚于野牛的听觉，否则耳朵在此派不上多少用场。野牛的叫声颇为吓人，曾有人将其比作雷鸣、枪炮声以及猪的咕哝声；如果以上叙述都不失真，那它的嗓音可真是千变万化！它好像是大声喊着"图——尔"，只有在很不对劲的状况下才会传出"哞"的悲号，那是失去孩子的母牛的呼声，这时它比发狂的公牛还要凶狠。

草是它们的主食，尤其是春草，据说在野牛肉与它醇厚的乳汁中都能尝到这种草香气。它们似乎偏好重口味的植物，如毛茛、沼泽金盏花、草原老鹳草以及凤仙花。野牛在冬天必须靠较粗硬的食物过活，如蓟、悬钩子和栒子楠；它们也常把树皮剥下来吃。

九月初通常是交配时节，敌对的公牛会打得昏天暗地，三岁大、斗志高昂的"初生之犊"常因此死于老壮公牛之手。曾有两只公牛战得如火如荼、心无旁骛，旁边有猎人开了好几枪，它们都不为所动；后来第三只公牛加入战局，它拔起一株直径十厘米的幼树，向那两只牛冲去。"待等尘埃落定，唯见野兽兀立。"

母牛长到五六岁大就能怀胎生子，五月或六月是它的产期。不过，它生育后要休养两年才能再次怀孕，对此较有说服力的解释是它要花将近一年时间哺育幼儿（和美洲野牛相同），直到它确保孩子安全无虞，才会重回族群接近同类。然而，对于野牛母子关系究竟如何，各家说法差异颇大，尤其是野牛母亲究竟是勇敢或怯懦、小牛究竟是早熟或孱弱，这两个问题更是充满争议。不同个体的表现或许天差地别。母牛寿命大概是三十到四十岁，公牛可以活到五十岁，但除非我们力挽狂澜，否则欧洲野牛很快就要成为历史名词了。

长年以来，尽管波兰政府会判处盗猎者死刑，俄罗斯的盗猎者也会被当局流放到西伯利亚（后来改为巨额罚款），但人类的非法捕猎行为仍是野牛在北方最大的威胁。到了今天，北方已经没有野牛可供偷猎了。在切尔克斯，那些猎人为了得到一个野牛头挂在墙上炫耀，往往不择手段。据说，世界大战后还有小群野牛残存在俄国，但也已被人类屠戮无遗。除了人类，狼群与牛蝇对野牛威胁最大；

野牛群中的确曾暴发微生物感染疫情，肝蛭也能让野牛族群受苦受难，但此种生物之所以濒临灭绝绝非因为疾病，而是由人类一手造成的。

问题在于，人类面对自己犯下的罪孽是否能够洗心革面，与欧洲野牛建立新的关系？英国的贝德福公爵（Duke of Bedford）在沃本庄园养了一小群野牛；布达佩斯动物园从一九二二年开始饲养七只野牛，柏林动物园也于同年迎进五只，波兰动物学家简·史托兹曼（Jan Sztolcman）还知道另外二十八只处境相同的欧洲野牛。世界上可能还剩下七十只欧洲野牛，人们梦想着是否可能在合适的地区复育这种壮美的生物。纽约动物园的霍纳迪博士一手拯救美洲野牛免于绝灭，此事将使他名垂青史；一八八九年，美洲野牛仅余千头，但在霍纳迪博士主导的"野牛保护协会"（Bison Protection Society）的努力下，野牛数量已经增加到超过八千只（一九二三年）。若有同样热情、利用同样技术，欧洲野牛或许也能在野外恢复昔日光景。现在我们只剩下三十到七十只欧洲野牛，状况极其紧迫，但复育工作仍有希望。欧洲野牛历史悠久，素质杰出，对人类无害，且全身上下都有用处，这种生物难道非得步古代野牛的悲惨后尘吗？倘若如此，这实在是文明之耻，且让我们期望悲剧不要成真。

猛犸象

十九世纪早期，长年冰存在西伯利亚沼泽中的猛犸象骨骸被发现，它被伟大的法国学者乔治·居维叶 [1] 描述为"北方巨象"。在此

---

(1) 乔治·居维叶（Georges Cuvier, 1769—1832）：法国博物学家、动物学家，被称为"古生物学之父"，也是比较解剖学的奠基者。

之前，人们对猛犸象骨骸的认知错误连篇，有人说它们是巨人族遗骸，也有人说它们生前是穴居动物，只要一露出地表就会死亡。更有甚者，人们发现的不只是骨骼，还包括满是长毛的大片皮肤以及大块冰冻的兽肉，同去的猎犬当场就开始嚼肉充饥。一八〇六年，大无畏的探险家迈尔克·弗雷德里克·亚当斯[1]在勒那河畔弄到一具几近完整的冰冻猛犸象尸体。这具尸身已在冰层中封藏数千年，但狼群和北极熊仍不远千里来参加这场奇特盛宴，大啖冷冻肉。象牙已被胆大的当地人锯走，但大部分骨骼仍然完好；这下不需要什么天才智能，居维叶一看便知眼前这东西是某种大象。后来人们陆续发现数具木乃伊化的猛犸象，因此就算这种巨大的哺乳动物早已灭绝，我们仍能对它的舌头、象鼻、胃与血液了解不少。

　　和现代大象相比，猛犸象有颗超级大头，躯干较短但重量更重，皮肤上长满长毛，雄象还长着巨大而回卷（有时可能重复绕了四分之三圈）的象牙。世界上最大的猛犸象牙收藏在圣彼得堡动物学博物馆，长度超过四米。这的确是种可怕的武器，但实际上大概只是炫耀男子气概的极端手段，就像爱尔兰马鹿那对夸张的大角一样。欧里纳克人[2]曾在洞穴壁上留下一幅浮雕，描绘猛犸象鼻子尖端有两根手指般的凸起，我们几乎可以确定这是对猛犸象外形的写实描绘。不过，猛犸象鼻并不如非洲象或亚洲象那般强壮，其主要用途肯定是在北极草原上摘取草叶和植物中富含水分的部分进食。

　　美国自然历史博物馆的赫伯特·朗恩（Herbert Lang）最近发表了关于猛犸象的新研究，内容颇为可观。他提出一种说法，认为从猛犸象的硕大臼齿表面可以看出它"以质地坚硬但营养充足的北方寒带植物为食"，认为此事与现代大象狼吞虎咽多汁热带植物的

（1）　迈克尔·弗雷德里克·亚当斯（Michael Friedrich Adams，1780—1838）：俄罗斯圣彼得堡的植物学家，最著名的事迹便是弄回这只近乎完整的"亚当斯猛犸象"。

（2）　欧里纳克人：欧洲最早的现代人，出现于旧石器时代晚期。

行为形成对比。既然食物含水量不多，猛犸象也就不需要太长的消化道，因此躯干长度（不包括头部）也可缩短。我们不必凭空猜测猛犸象的食物，因为科学家已经从西伯利亚猛犸象的牙缝与胃中找到食物残渣并进行了鉴定，其成分就是现在生长在西伯利亚的各种植物：五种禾草、两种莎草、野罂粟、毛茛种子、野豌豆豆荚，再加上可以增添风味的野生百里香。想象猛犸象寻觅"一处河岸，那里野百里香盛放"[1]，真是梦幻般的奇景！

前面提过朗恩先生的研究，他还提出有力的证据，证明猛犸象会四处迁徙。很多草食动物都会为了寻求水草而搬家，猛犸象也可能必须为此奔波，踏遍欧洲、亚洲与美洲北部的大部分土地。它们在大不列颠许多地方留下遗骨，连西班牙、意大利、美国加利福尼亚州与卡罗来纳州这些南方地带都能发现它们的遗骸！若能在冬季捕获一只猛犸象，对于新石器时代的人类来说不啻天降甘霖；即使在这古老的时代，人们看猛犸象也远不止是餐桌上的食物那么简单，且看摩拉维亚（Moravia）[2]普雷默斯特（Predmost）遗址，此地曾出土一条儿童项链，上面就串着猛犸象牙珠子。

我们有时会在一地发现大量猛犸象骨，朗恩先生在文中也对这个长久以来的谜团进行了讨论。至少有八百只猛犸象葬身普雷默斯特，他处也有类似的拥挤坟场。单独一只猛犸象的骨骸四处可见，并不稀奇，但为什么会有这么多只死在同一处呢？我们只能推测，或许有大群猛犸象长途跋涉寻找新鲜草地，却整批陷入沼泽无法脱身；又或许它们被暴风雪覆盖窒息而死。它们也有可能像马群一样，渡河时突遇洪水，集体溺毙。他写道："难道愤怒的狂风雪暴将它们活活掩埋，雪花会随即结成坚冰牢狱？"在某些例子中，"它们姿态窘迫、骨骸破碎，体内空腔积存大量血块，这是我们在别林索夫卡

（1）译注：莎士比亚《仲夏夜之梦》第二幕第一场中仙王奥布朗的台词。
（2）译注：现在的捷克东部地区。

（Beresovka）[1]猛犸象身上所见，证明它们是因意外当场死亡，如俄国人萨冷斯基（W. Salensky）所示。这些受害者的臼齿间还有嚼到一半的粮秣，根本来不及吐出或吞下。"

无论如何，猛犸象族群在历史上逐渐消失，但象牙贸易仍持续至今。它们是高度特化、繁殖缓慢的生物杰作，适宜生存在北方寒地气候中，一旦环境改变就束手无策。它们之所以灭绝，的确可能是因体内激素出了问题，但我们也不必做此猜测。如同多少上古巨人一样，它们将天时享尽，而后退场。

---

[1]　译注：位于乌克兰奥德萨（Odessa）附近。

第五章

树栖哺乳动物

红松鼠（red squirrel）在大不列颠十分常见。由于森林不断遭到砍伐，它们在一个世纪前就已被逐出苏格兰。现在许多地方的人们又重新将它引进，只因这生物不但美丽，生活习性也很可爱。年复一年，它们的数量逐渐增加，直到在某些森林地区被视为有害的动物，必须采取手段加以消灭。我们不必沉湎于这些恩怨，若要真正了解野生动物的生活，人类必须学着以它们的眼光看待事物，而非停留于自身视野。

　　且看，红松鼠活得多快活！我们看见它在树干上跑上跑下，从树后探出头观察我们，待我们走近，它就蹿上枝干末梢，轻轻一跃跳上另一棵树，然后消失在幽暗的松树顶上，整个过程对它而言似乎都乐趣无穷。当它端坐在大树脚下时，尾巴立于身后，灵巧的前掌执着一片伞覃，优雅地小口小口咬，这画面看起来又是何等美好！它有时爱在圆木或平石上用餐，瞧它坐在那里，明亮的双眼四处观察，一边留神周围，一边将冷杉果的鳞片一片片剥下来吃里面的种子，技术娴熟。只要有一点风吹草动，它就会马上抛下吃了一半的球果与杯盘狼藉的餐桌，闪身跳上附近的树梢。

　　有时，母松鼠会小心翼翼地用嘴叼着孩子穿越草地，从一片树林迁移到另一片，这景象极其可人，但也难得一见。它要将孩子一个一个地从原本的舒适窝巢（也是小松鼠出生长大的地方）搬到较为隐秘，或是附近食物较多的新家。它必须来回好几趟，这次"潜逃"才算成功。母松鼠一胎通常生两到三只，小松鼠若能顺利长大，隔年春天就能自己"成家立业"——难怪它们会在林中数大成患。

应当注意，松鼠父母给小松鼠的教育可不少，包括体操技巧和森林生活基础知识。松鼠的主食为松果种子、橡实、山毛榉果实和榛子，但在春天，它们也会咬下落叶松的嫩芽来吃，或是将幼树顶端的树皮啃掉一圈，吸食往下流的甜美树汁。然而，一旦树皮遭咬穿、底下幼嫩的木质被啃坏，幼树从根部往上输送水分（除了从土壤中吸收的水分，还包括树木生长不可或缺的盐分）的管道就会被阻绝，于是环状伤口以上的部分都会死亡。

若机会允许，松鼠也会和其他啮齿动物一样开荤。它会吃林鸽的雏鸟与鸟蛋，这样就算它欠了林地主人一屁股债，也多少还了些给农人。不幸的是，它也会掠夺鸣禽类的窝巢。

※　　　※　　　※

入秋后，松鼠开始积存坚果、橡实等食物，它会在自己最爱的那棵树脚下挖洞栖身，把一部分存粮藏于此处，在阴雨天或霜雪凛冽时充饥。它不会一觉睡过冬季，但常在洞中一待就是两三天，有时看起来昏昏沉沉的，但没有真正的冬眠习性。

其他存粮被分作好几份，埋在平坦的地方或河岸上的不同地方，通常离洞穴有段距离。这些粮窖表面上被精心掩盖，让人怀疑松鼠以后是否还能找到。蘑菇与各种菌类也在松鼠的采集行列中，但不会被埋起来，因为这些东西碰到潮湿的土壤就会很快腐烂。松鼠会把它们搬到树上，紧紧塞入树干裂缝中或叉形枝丫间，保证其干燥、新鲜。由此可见，松鼠在储物时可不是盲目乱塞，而是会动脑子。

松鼠觅食的态度很"奢侈"，会"为了五六颗坚果摧毁整丛灌木"。有人曾目睹两只松鼠在榉木矮林中忙活，它们攀到极细的枝干末端，用两条后腿把自己挂在上面，伸手摘下一颗颗坚果，其中许多都会掉落在地上白白浪费直至腐烂。松鼠常这样边工作边玩，连续好几个小时都不疲倦。

一位美国观察家曾看见灰松鼠——英国产的红松鼠的近亲，现在在英格兰某些地区已对红松鼠产生排挤效果——将坚果用口含着，一颗颗搬下树来，在地上刨出约五厘米深的洞，放入坚果，然后用前掌往下按压，再以土壤覆盖，最后还拉上青草遮盖。这不禁让人怀疑，储物处掩藏得如此巧妙，就算是埋东西的松鼠，稍后回来也未必找得到。然而，此人同样见过一群松鼠在冬日五厘米厚的积雪上来回奔跑，每过一会儿，其中一只就会突然停住，在原地挖掘，"挖出一颗坚果，下手处极其精准、毫无误差"。如此看来，松鼠并非表面上那般乐天无忧，它知道自己能凭敏锐的嗅觉找到存放食物的无数个地点。有件趣事值得一提，北欧人相信驯鹿能"用蹄闻嗅"，因为它们总能准确刨开积雪找到粮食——但这个说法也只是谣传，驯鹿用来闻嗅的仍是鼻子。

松鼠身上有种异常迷人的特质，它的身躯娇小却不令人觉得过分娇小，蓬松的大尾巴与身体构成美感上的平衡，表层毛发呈现赏心悦目的鲜艳棕红色，连它瞅着人的警戒眼神都那么讨人喜欢。它剥出坚果核仁的用餐礼仪无懈可击，如苏格兰博物学家威廉·麦吉利夫雷（William MacGillivray）所观察到的，它们"甚至会先去掉果仁外层的薄膜再进食"。这些动作不禁令观者屏息，不知是该敬佩它的优雅还是胆量。

夏天，如果我们惊起一只正在享用坚果或伞蕈的松鼠，它会连续几跳横越空地，动作之快让人完全看不清过程，只见它如履平地一溜烟上了树，在另一侧枝头现身，朝我们观望。如果我们又靠近，它就会跑到一根树枝末端，纵身一跃，一眨眼，身子就在另一棵树上了。若有必要，它可以身体紧贴树干动也不动。当它睡觉时，尾巴就是盖在身上的毯子。

人类对于松鼠扒光树皮或吃光树顶新芽的行径感到厌恶，这也无可非议。除了人类，这种动人生物的天敌并不多，即使白鼬或鹰隼面对幼年松鼠都未必占得到便宜。安全感让松鼠更能发挥那喜气洋洋的性情，鲜少有其他生物能如此强烈地呈现"生命之乐"的意象。它们让人想起沃尔特·惠特曼的诗句：

> 它们不因自己的处境而劳苦、呻吟……
> 在这世上没有一个可敬，也没有一个不乐。[1]

如果从小被驯养为宠物，尤其若饲主允许它们自由来去，松鼠能为人们带来无穷乐趣。它身上充满自由精神，饲养这样的生物本不应加以严格限制。它们是会玩耍的动物，常在树上玩起"鬼抓人"的游戏。我们并不认为松鼠有多聪明——它们的脑部构造并未显现此般征象——但它们的确是充满魅力、浑身洋溢喜乐气息的小家伙。

树懒

南美洲森林中的树懒是最老派的树栖哺乳动物之一。它们慢吞吞地移动，用手脚上长而弯曲的爪子把自己倒挂在树枝上，背朝地面——这也是它们休息与睡眠时的姿态。它们在地面上的动作非常笨拙，因此除非必要，否则它们绝不离开树干。比起猴子，这种生物是更典型的树栖动物。

树懒身上有种老朽的气息，它从太古洪荒时代存活至今。它们行动慢，吃饭也慢，连等死都很慢。它长而粗糙的毛像是丛林高处

---

(1)　译注：出自惠特曼的代表作《自我之歌》（Song of Myself）第三十二节《野兽》（The Beast）一诗。

的某些发状植物，还泛着奇异的绿色。有种绿色的细小藻类长在树懒的粗毛上，类似石头或树干上会生长的苔——若在潮湿的地方擦过山毛榉树身，就会有许多绿尘掉到我们的衣服上，这是大家都有的经验。

树懒在地面上处于极大劣势，对于一切欺凌都逆来顺受，毫无反抗之意。美国动物学家费利克斯·利奥波德·奥斯瓦尔德（Felix Leopold Oswald）曾写道，墨西哥种的二趾树懒面对所有敌人（不分强弱）时的唯一对策似乎就是无条件投降。"它任你拉起手爪，但只要你放手它就缩回。若你拿东西戳它，它会发出呻吟，听起来像是哀叹生活本质苦难，而不是在抗议你的行为。如果狗咬它，或你把它饿上一顿之后给它食物，却又在它吃到之前抢回，它会慢慢转过头，好像要花上一段时间才会明白自己受到了侮辱，然后开始断续哼哼唧唧，声音听起来像圆锯飞转呼呼，或是蜂巢内嗡嗡闷响。"以上这段妙趣横生的文字出自《河滨自然史》[1]一书，书中还将林间树懒的叫声形容为"千回百转的长长呜咽抖音，类似夜鹰嘶号，或守卫犬装模作样的哀鸣"。

树懒有二趾的、三趾的，各自有其偏好的树叶种类。墨西哥种二趾树懒专吃富含乳浆的皮质叶片，三趾树懒则最喜欢伞树属植物的叶子。当地人若嫌别人懒惰（虽然可能自己也没好到哪里去），就会说"你这个伞树兽"。重点在于，许多动物倾向于只吃某些特殊食物，其他动物则什么都吃（如水獭）。这两种特质都有助于求生，前者能避免与其他饥饿的生物竞争，后者则能在食物短缺时另寻出路，保留无限可能性。

伟大的法国博物学家布丰对树懒充满了兴趣，但他对它们有个不小的误解，他认为是造物时出了错。"它们要是再多一项缺陷，"

---

(1) 译注：《河滨自然史》（*Riverside Natural History*）出版于一八八八年，作者是美国生物学与动物学教授约翰·斯特林·金斯利（John Sterling Kingsley）。

他说，"就不可能存在。"它们或许温暾、古怪、奇异、笨拙，但也颇适合在树梢生活，例如它足踝处的钉状关节就巧夺天工，能自如回旋扭转。而且，树懒母亲挂在树枝下以背朝地移动时，会将小树懒抱在怀中，再安全不过。

让我们从 H.W. 贝慈[1] 的《亚马孙河上的博物学家》（*The Naturalists on the River Amazons*）中撷取一幅风情画。这位伟大的博物旅行家在谈到三趾树懒时说："这种粗鄙生物真是奇异风景，与寂静阴影相称的产物，从一根树枝缓慢移行到另一根。它一举一动透露的不全是惰性，还有极高的戒心。它还没抓紧另一根树枝之前，绝不轻易从原本的枝干上松手。它的手掌变化成奇特的坚固钩爪，若一时找不到粗树枝可供抓握，它就用后脚撑着抬起身子，挥舞爪子四处乱抓，寻找新的立足处。"

眼镜猴

眼镜猴的个头很小，住在婆罗洲[2]、爪哇和菲律宾的丛林里，是树居哺乳动物里最有趣的成员，不论身体构造还是生活习性都充满了趣味。不过，它与其他灵长类亲族的关系以及它与人类的关系，更值得我们好好探究。

眼镜猴有多小？我们能将一对母子同时放于掌中。它的身体约十五厘米长，尾巴二十到二十三厘米长，身上长有一层厚实的绒毛，表面为褐灰色，底下颜色较浅。它有两根踝骨奇长，后腿看起

---

(1)　H.W. 贝慈（H.W.Bates）：英国博物学家与探险家，最著名的经历是一八四八年与华莱士一起去亚马孙丛林探险，华莱士于一八五二年返回英国，而贝慈在亚马孙待了十一年，并将其经验写成《亚马孙河上的博物学家》。

(2)　婆罗洲即加里曼丹岛的旧称。

来不成比例，像是青蛙腿，很适于从一棵树跳到另一棵树，或是从一根竹子跳到另一根竹子。眼镜猴的小身躯让人想到二足类的跳鼠，这种生物也会用后腿直立（但身体构造与眼镜猴大不相同），它的尾巴能当方向舵用，根部有一撮毛。眼镜猴的另一个奇异特征是手指、脚趾尖生有环形肉垫，能够辅助它们抓牢树枝。这些肉垫与树蛙关节上的黏性圆盘有种奇特的相似性，显示出趋同演化（convergent evolution）的现象，即无亲缘关系的两种生物为了适应环境而发展出相同的特质。

然而，眼镜猴身上最醒目的，莫过于那对超级大眼。和它们的小脸相比，这对眼睛更像两个巨型圆盘，向前直视，在夜间发出黄光。它的脖子虽粗短，头部却能灵活动作，有人将此比作装了两面透镜的灯笼，安在能朝四面八方转动的杵口关节上。树栖生物通常能使用前肢取食，不必以口就食，眼镜猴的吻部也因此退化，双眼移到头部正前方。依据专家的说法，眼镜猴虽具有双眼视觉[1]，却无法产生视觉上的立体感。艾略特·史密斯教授[2]说，这双眼睛也无法掌握眼前物体的质地或细节。"能够紧密协调朝任何方向移动的双眼，才可能拥有这种功能。"眼镜猴还做不到这个程度，但似乎也觉察有此需求。它能借由脊椎动作极大幅度地移动头部。当它的身体紧贴树干时，能将头转动近一百八十度向后看。"这表示眼镜猴知道自己必须协调双眼动作，但达不到共轭运动[3]所需的活动范围与精确度，因此它像猫一样转动头颅，这样也可以粗略达到'让两眼与物体间距离相同'的目的。"眼镜猴是发展精准视觉的先驱者，这个称

---

(1) 译注：指生物双眼视觉范围重叠下所产生的视觉影像。

(2) 艾略特·史密斯（Grafton Elliot Smith, 1871—1937）：大洋洲解剖学家与古埃及学家，主张所有文明都来自单一文明，也是当时研究灵长类脑部演化的第一把交椅，后来主要在英国大学执教。

(3) 译注：指当一只眼睛旋转或平移时，另一只眼睛也会跟着一起旋转或平移，两眼动作保持一致。

号是它们应得的，而且它是曙暮性及夜行性动物，这项能力对它来说也至关重要。它的猎食方式是跳到半空中用嘴咬住猎物。如果眼睛不具极精准的视觉能力，它根本做不到这件事，更何况狩猎常必须在微光中进行。

眼镜猴白天躲在洞里或树上睡觉，若被吵醒会大发脾气。它们在夜间狩猎昆虫或蜥蜴等小型动物，动作没有一点声响。它们平时不"交谈"，但偶尔会发出尖厉的叫声。它们成对生活，一夫一妻，一胎只生一只小猴（除了少数例外）。小眼镜猴能攀着母亲的腿部一起移动，但英国动物学家查尔斯·侯斯（Charles Hose）曾见过母猴像猫一样叼着小猴。眼镜猴的幼崽几乎一出生就懂得攀爬，但它还是喜欢被带着走，母亲也乐意配合。

眼镜猴在我们眼中充满了吸引力，但当地人却觉得恐惧、厌恶，这是因为它怪异的身材比例吗？是那双大凸眼吗？还是因为它行动起来异常安静？艾略特·史密斯教授认为，爪哇与婆罗洲当地人"眼见这种代表他们灵长类远祖、又长得有如鬼怪的生物，他们会本能地感到恐怖"，但这种推测或许有些不着边际。理论上，动物学家能提出大量有力的证据证明眼镜猴与狐猴、猴子都有亲戚关系，且或多或少算是猴子的直系先祖，但这绝非当地人在乎的事情。

※　　　※　　　※

艾略特·史密斯教授在其著作《人类的演化》（*Evolution of Man*）中比较了四组动物的大脑：象鼩、树鼩、眼镜猴和绒猴（现存猴类中形态最原始者），其研究结果极具震撼性。象鼩是陆生动物，相较之下大脑小得可怜。它的生活由嗅觉主导，脑中掌管嗅觉的区域比例奇大，至于掌管视觉、听觉、味觉、触觉和精确动作的部分则聊胜于无。然而，当它的表亲树鼩搬家到树上，大脑也随之出现了明显的变化。英文中常用"上树"（up a tree）一词来指陷入绝境，但在演化中，"上树"却极富意义，这代表它能逐渐空出一双手、吻部缩短、眼睛移到脸部正前方、头盖骨增大、中脑顶盖（以及其中控制视觉、听觉、触觉及精细动作的中枢）也变得复杂。

有人或许会举出反例，说某些树栖有袋动物实在没多少智力，但这点我们可以解释，有袋动物的大脑发育与一般哺乳动物的大脑发育趋向不同，它们缺少新皮质这个具有适应性与统合功能的部位。人们还会质疑说：很多非树栖的哺乳动物也很聪明啊？答案就在于可能性，猿猴大脑拥有的超越狗、马、大象等生物脑部表现的可能性。眼镜猴脑部的特色在于主管视觉的区域大幅扩展，主管嗅觉的区域则明显缩小。这个趋势到了绒猴身上更加明显，除了控制视觉、听觉、触觉和运动的区域增大外，还有一个叫作前额叶的区域也被强化，这是主导操作技能、立体视觉与心理专注能力的部位。从这个发展方向来看，树鼩超越象鼩，眼镜猴超越树鼩，绒猴超越眼镜猴，猿类超越绒猴，人类又超越猿类。艾略特·史密斯教授的结论如下：视觉能力的精进在人类智力的演化过程中扮演着重要角色。这不就是说，成功需要好眼力，看得清楚也就能想得清楚吗？无论如何，在这个又像松鼠、又像鼩鼱、又像猴子，拥有一对大眼睛的眼镜猴身上，有太多问题可供我们思索，毕竟，它可是带领地球生物清楚逼视真相的开路先锋呢！

负鼠

负鼠（opossum）也是一种有趣的树栖生物，它的生活范围仅限于美洲森林。它与小个子树袋鼠属于同一族群，它们都像地面上的大个子袋鼠一样，腹部有个装幼鼠的皮膜口袋。负鼠与圆头短尾的树懒不同，它们是活蹦乱跳、有点类似于老鼠的小动物。它可以用长尾巴把自己挂在树枝上。它的脚适于抓握，大脚趾与其他脚趾相对，像个大钳子一样，能紧紧握住树枝。当负鼠母亲在枝头奔来蹿去，寻找昆虫为食时，它会把幼鼠背在背上，长尾巴向前卷在孩子身上，而负鼠宝宝也会把尾巴卷在母亲的尾巴上，像安全带一样固定住自己，如此一来，可保"行车安全"无虞。

博物学家 W.H. 赫德森[1] 对一种体形较大的负鼠有如下记载："我曾见过年迈的雌负鼠，身上有十一只幼负鼠攀在各处，个个都跟成年大鼠一般大（负鼠母亲只比猫小一点），而这只雌负鼠还能在树上迅捷攀爬，在高枝上灵活行动……负鼠牢牢攀在树上不敢松懈，除了用手掌一般的四只脚（上有钩爪）抓紧树干，还用牙齿与有抓握力的尾部辅助。"负鼠时常离树下地，在地面上，它们会利用蚂蚁大军穿梭于丛林地面时所踩平的"通道"穿梭。

许多动物都曾得出同一结论：爬上树是解决生计问题的好办法。树木提供了觅食、安家的新机会以及更大的活动空间。来自不同族群的各类生物都为了适应树上的生活而发展出了类似的功能与习性，这是非常有趣的现象。哺乳类的负鼠和爬行类的石龙子有许多显著的相似之处：它们都有长尾，非常适宜卷在树枝上；脚掌也都或多或少分成相对的两个部分，以便抓握。

前面提过，树懒必须生活在林木紧密相依的环境里，这样它才能利用长臂从一棵树荡到另一棵树。但在许多森林中，树与树之间都有些间隔，这里的树栖动物必须先下到地面才能移动到另一棵树上，或者必须使用其他手段横越空隙——于是，我们发现有好几种

（1） W.H. 赫德森（William Henry Hudson，1841—1922）：英裔阿根廷博物学家、鸟类学家与作家，英国皇家鸟类保护协会创始成员，有多本关于阿根廷与英国动植物生态的学术著作，最著名的小说《绿厦》（Green Mansions）后来被改编为电影，由奥黛丽·赫本主演。

不同家世背景的动物都在尝试飞行。

我们常可见鸟类从极高处滑翔而下，翅膀长时间一动不动，这种飞行方式与那些自备降落伞的树栖动物一模一样，可以说是正统飞行方法的雏形。举例来说，鼯鼠前后肢之间有皮膜延展，上面长满了毛，这不仅让它的样子看起来有点像飞机，还真正赋予了它飞行的能力。这种"飞鼠"体形大小不等，最小的只有八厘米长，但比较常见的是褐色北美鼯鼠，它与英国松鼠看起来很相似，只是多了两片降落伞。它的尾巴长而蓬松，能够协助身体保持平衡，皮膜从前肢腕部沿着身侧延伸到足部。当它伸展四肢时，这片皮肤也就被拉成了滑翔翼。鼯鼠无法挥动"翅膀"，但靠着身体与尾巴的动作，它似乎能稍稍控制一下飞行方向。它只有降落伞而非翅翼，因此无法向上飞，但能从高树顶端一跃而下，滑翔越过树木间的空隙，然后在另一棵树的较低处着陆。

有人这样描述北美鼯鼠的动作："有时我们会看到一只鼯鼠从高耸橡树最顶端的树枝上飞射而出，皮膜大张，尾巴也展开，斜着滑翔过空中，直到抵达四十五米外另一棵树的底端。就在我们以为它要撞上地面时，它却突然上拉，而后降落于树身。接下来，它又爬到树顶，然后飞回它原本所在的那棵树上。这些小生物大批加入这个刺激的体育游戏，数量绝对不少于两百只。"

还有其他一些观察记录，我们以鼯猴（flying lemur）为例。它身上的皮膜降落伞一直延伸到尾巴末端，可以使它滑翔越过数米宽的距离。除此之外，它虽无法直接飞到比起飞处更高的地方，但可以控制飞行路线，甚至能在空中稍稍爬升。不同类型的哺乳动物（食虫目、啮齿目及有袋类动物）身上都出现了与此类似的降落伞。

第六章

会飞的哺乳动物

曾经，蝙蝠只是会爬高然后飞扑猎物的动物，这点我们很确定；所以，当它在演化上出现石破天惊般的变化时，自然之灵想必也被逗笑了。这生物用脚趾倒吊着，手臂包紧身体，真是无比怪异。它们也找到了飞天的秘诀，但路数与鸟类不同，倒是类似已经灭绝的翼手龙。它们是彻头彻尾的哺乳动物，全身有毛，会给幼儿哺乳，但同时又像大部分鸟类一样翱翔于天际。鲸闯荡远洋、长时间潜水，却必须呼吸干燥空气；鸭嘴兽则打破了哺乳动物的传统定义，产卵生殖。和它们一样，蝙蝠也向我们展现了大自然如何妙手将矛盾现象化作成功范例。

　　仔细观察蝙蝠如何改造自己，让自己飞上天空，是件很有意思的事。这场冒险（过程我们目前还想不明白）之所以能成功，是以蝙蝠自身的生理结构为基础，由大量变因互相影响的结果。它们的翼膜柔软而富有延展性，由丝滑的皮肤构成，从颈侧开始延伸，经过手臂前方，跳过长爪的大拇指，然后在四根长之又长的手指间伸展开来。四根手指里只有第一根长有爪子，而且这还是少数蝙蝠才有的特征。它们翅膀上的皮膜从手臂后方继续延伸到躯干两侧，然后沿腿而下直达脚踝。两条后腿间还有一块多出来的皮膜，长达脚踝，通常由软骨质或骨质提供部分支撑；如果这只蝙蝠有尾巴，也会被这块皮膜连在一块。翼膜将它们的两腿向外拉扯成奇怪的角度。一般哺乳动物的膝盖朝前弯，蝙蝠的却是朝后弯，这是它生理特征上的又一怪诞之处。长骨骼质地极轻，内含大片骨髓腔；胸带[1]

---

(1) 译注：指脊椎动物前肢与躯干连接处的几块骨头（如肩胛骨、锁骨等）。

强健发达；胸骨上有明显的龙骨脊，能让强大的飞行肌肉与骨骼紧密连接。背脊骨关节不太能动，骨节随年岁增长还会逐渐融合；飞鸟身上也会出现这种现象，但其好处是能提供翼翅一个稳定的支点，增强拍击力道。

与前肢相比，蝙蝠的后腿非常孱弱，无法站立。虽然它从休息处起飞时通常头部朝上，也可能用大拇指指爪将身体固定在某物上，但它最常见的休息姿势是头下脚上，用一或两只脚（生有齐全爪子）抓住东西倒挂。当它拖着身子在树枝上移动时，会把脚转向前、向内，然后将身体往前推，再用"手腕"（加上长爪的大拇指辅助）把身体往前拉。它会先动一条腿，然后动同一侧的大拇指，再动另一侧的腿与前肢，这不禁让人想到摩西律法中"四足爬行的禽鸟"这句话 [1]。当蝙蝠四足着地静止不动时，我们会发现它的膝盖向上转、与手肘交触，形成奇特的姿态。必须一提的是，某些蝙蝠睡觉时并不倒挂，而是伸直身体躺着。

蝙蝠即使从地面也能起飞，在空中拥有大师级的技巧。它们在室内的反应非常机敏，能避开障碍物，比如容易弄倒的装饰品；还会展现出穿越沙发底部或在空中绕圈的飞行特技。在开阔的地方，它们能与鸟儿斗技，疾速往返回旋又瞬间消失，或是突然来个后空翻，令观者以为自己花了眼。它总能不偏不倚地捉到飞蛾、蚊蚋或飞行的甲虫，过程悄然无声（尽管诗人描述它有"呼呼作响的双翼" [2]），某些蝙蝠甚至能一边飞行一边饮取河水。不过不同种类的蝙蝠的确差异颇大，棕蝠的个性比夜蝠闲散得多，家蝠则比蹄鼻蝠更容易犹豫不决。当"蝙蝠侦察兵出动，个个毛毛躁躁" [3] 时，它们会发出尖细的高音，例如英国博物学家菲尔·罗宾森（Phil

---

(1) 译注：出自《利未记》（*Leviticus*）11:19。

(2) 译注：出自拜伦诗剧《韦纳尔》（*Werner*）第三幕第三景。

(3) 译注：出自英国诗人约翰·克莱尔（John Clare）的诗《夜晚》（*Evening*）。

Robinson）就说长耳蝠的叫声是"声音的针尖"，拥有正常听力的人几乎无法听到这种声音。不过也有其他情况，比如人类要听见夜蝠怒气冲冲的厉叫声就并不困难，东方的狐蝠也会像猴子一样高声谈笑。

※　　※　　※

蝶蝠属蝙蝠以昆虫为主食，它们的股间膜在蝙蝠家族中最为发达，能让它们在空中快速回转猎食飞蛾，也能充当置物篮盛装猎物。少数几种蝶蝠的股间膜上有个袋状构造。大多数情况下，当蝙蝠在半空中抓到昆虫时，它会弯下头来往后伸，将战利品压在股间膜上，防止它在飞行中意外掉落，然后安稳咬上两口或一口吞下肚；在这个过程中，飞行中的蝙蝠会稍稍下沉。另外，吃水果的蝙蝠通常尾部很短或已完全退化。大部分蝙蝠都是娇小玲珑的生物，但胸腔容量却惊人地大，心脏发育健壮，肺部体积也很可观，这三项优势共同造就了它们高超的飞行技巧。在演化的长路上，它们与鸟类所走的路差异极大，这一点不用多说，但有趣的是，两者身上出现了许多趋同现象，例如空心梁状的长骨骼、背脊骨节局部融合以及胸骨上的龙骨脊等。

传统实验显示，蒙眼蝙蝠能在房中飞来飞去，不会碰到房里横拉的数根绳索，能穿过一条弯曲的通道，不会碰到两侧墙壁，还能从远方侦测到人类的手掌接近。这种心电感应式的触觉功能，来自长在它身上关键部位的多个触点[1]，以及内含神经纤维的感应毛。这些感应毛分布在它光秃秃的翼膜上、口鼻部侧面，以及精巧的耳壳上（通常上面还长有耳屏）。如果在人工饲养的蝙蝠附近制造声响，

---

(1)　译注：蝙蝠用声纳来侦测环境，这里的"触点"一说后来被推翻了。

我们就能看到它两耳的耳郭各自独立做出大幅度动作，这与我们的耳朵真是天差地别！只有在长耳蝠身上，我们才能见识到和身体一样大的耳壳，而这在动物界中绝无仅有。对此，英国动物学家托马斯·贝尔（Thomas Bell）表示："如果看到驴子身上长了这种耳朵，我们会有何感想？"至于那傲立、或至少是点缀于蝙蝠鼻孔上的鼻叶构造，我们也实在不知该如何评论，只好说它真是"独特"啊！这些鼻叶千奇百怪，可能长得像马蹄铁、面具、牛头犬的脸或是鸢尾花纹样。英国博物学家菲尔·罗宾森写道："对于一个鼻部如此富有原创性的生物，难道我们不该赞赏几句吗？……它的模样总是出人意表、令人啧啧称奇，真可谓鼻上生兰花。"蝙蝠的鼻叶是器官过度演化的例子，但它长成这样的意义我们并不知晓。这或许与它们超绝灵敏的触觉有关，但对蝙蝠鼻叶进行精细的研究后，我们目前也未发现其中的神经分布有任何特殊之处。

果蝠属蝙蝠以水果为食，体形偏大，尾部已退化或消失，臼齿齿冠或平滑、或有一条纵向沟槽，只分布在东半球的温暖地带。其中个头最大的黑耳狐蝠（*Pteropus melanotus*）住在爪哇，翼展可达一点五米，约是信天翁的一半。大部分小型蝙蝠都只爱吃昆虫，不过吸血蝠亚科下各种蝙蝠的食性差异颇大，有的用水果配昆虫，有的吸食青蛙与哺乳动物的血液，还有的住在海滨，屈尊以鱼蟹为食。只要是吃昆虫的蝙蝠，其臼齿齿冠上都布满了山陵般的齿峰，这明显是为了轻松嚼碎昆虫大餐而出现的身体变化，和鼩鼱或其他食虫目动物一样。蝙蝠大多在空中捕猎，但也常让自己停留在枝丫间，把停在上头的飞蛾与其他昆虫一一清理掉。有时蝙蝠也会徒步猎食，在枝干上曳足而行。还有人注意到，它们会将中间连着尾巴的股间膜往下后往前拉，变成一个袋状，把捕到的猎物匆忙塞进去，以备后续处理。能用尾巴做出口袋，这是蝙蝠的又一项怪异能力。

※　　※　　※

住在北国的小型蝙蝠必须面对冬季一虫难求的困境，它们的应对之道是进入真正的冬眠状态——这是哺乳类动物少有的技能。它们的温血体质暂时遭到破坏，陷入昏迷，呼吸变得极其微弱，心跳也降到每分钟只有二十七下。它们的体温能在夏天保持恒定（这是温血动物的特质），但也远低于一般鸟类。到了冬天，它们会群集倒挂在一处狭小的空间内，一群常超过百只，此时它们的体温也会呈直线下降，直到与周围的气温相同。这些冬日睡客几个月前还在夏暮微光中与雨燕竞飞，现在却全无生气，此情此景让人不由得毛骨悚然。北方的蝙蝠在树干空心、教堂高塔一角、谷仓的茅草屋顶，或岩洞的裂隙间冬眠以度过寒冬。面对相同的难题，燕子和大多数英国鸟类都会采取另一种对策。这种对策与冬眠大异其趣却同样有效，那就是迁徙到"守着阳光的海岸"[1]。这世上没有会冬眠的鸟类，却有会迁徙的蝙蝠。纽芬兰的灰蓬毛蝠（*Lasiurus cinereus*）会远走百慕大过冬，途中横越至少九百六十千米宽的海洋。曾有人在苏格兰抓到一只，可能是被船载过来的。英国的所有蝙蝠都会冬眠，但有一点必须注意，那就是不同品种或不同地区的蝙蝠的冬眠深浅程度也有所差异。在一些气候温和的角落里，据说每个月都能见到蝙蝠外出活动。

一般蝙蝠一胎只生一只，双胞胎已是极限，只有少数北美洲蝙蝠会一次生下三到四只。这种情况很合理，因为如果育儿的负担太过沉重，这种哺乳动物以飞行为主的生活形态就会受到极大影响。我们指的不只是怀孕的过程（欧洲北部蝙蝠的孕期从三月底四月初开始，直到六月结束），还包括养育新生儿的时期（从六月到八月），

---

(1)　译注：出自马修·阿诺德（Matthew Arnold）的诗《巴德尔之死》（*Balder Dead*）。

此时幼蝠会攀在母亲的毛发上，口中紧咬乳头，而母亲还能一如往常地在空中疾驰、转圈、回旋、斜掠而过。母亲休息时会以翼膜包覆孩子。雌蝙蝠平时不与雄性来往，自行聚居成群，这个王国到晚秋时会暂时解散，雌性蝙蝠各自去寻求伴侣。令人讶异的是，蝙蝠虽然在秋季交配，但卵子要等到隔年春天才会受精，如此既避免了小蝙蝠发育期与饥荒时节重叠的困境，也让母蝙蝠的孕期缩到了最短——自然之道竟是如此聪明！

英国博物学家吉尔伯特·怀特养过一只蝙蝠，能从他的手心起飞。"它会除去昆虫翅膀，这部分它总是丢弃不吃。那动作之灵巧真值得一看，每次都能将我逗乐。"贝尔也描述过他与长耳蝠游戏的情景：他将一小片生肉抿于唇间，蝙蝠就会飞起来将生肉叼走，动作轻柔。不过，能与蝙蝠发展出此等亲密关系的博物学家恐怕不多，因为大部分蝙蝠都是个性羞怯、神经兮兮的生物，且脑部发育程度低，无力配合人类的劝诱。况且许多蝙蝠有体臭，而且它们的毛发常呈螺旋状或旋涡状生长，粗糙如鳞片，虽然特殊而引人注意，但也容易变成昆虫乐园。不过长耳蝠似乎并没有这两项缺点，而且个性可人。整体而言，我们必须承认一般的蝙蝠实在是难以亲近，但换个方式想，就连这一点都能为人们对"英格兰暮色中的小小丑，既忙碌又快活"的神往之情增添色彩。这句话是罗宾森在一八八五年出版的《诗人之兽》（*The Poet's Beast*）中对蝙蝠的描述，该书因奇特的趣味和自成一体的行文而颇具美感。不过，美中不足的是书中有许多偏见，例如蝙蝠明明有双热切而精准的小眼，为何还要说"像蝙蝠一样瞎"这种话？或者，为什么这种灵活、勤劳、流血流汗赚取微薄粮食的生物，却要被说成"慵懒躲藏"或"怠惰迟钝"？还有，这种哺乳动物全凭一己之力学会飞翔，并拥有极致的灵敏触觉，为什么却被诽谤为"模样不祥的禽鸟"以及"黑暗里的可怕小妖"？这位诗人真该解释清楚。

蝙蝠并不擅长在地面上行走，不过其中有许多种类的蝙蝠（如果蝠）能迅速爬上树。果蝠脚爪锋利，能在攀爬时抓牢树皮，用大拇指上的利爪叉下水果来吃。蝙蝠原本手部构造中还具有"手"的功能的地方，仅剩下大拇指爪，其他部分都已化作翅翼的一部分。前文提过滑翔生物的皮膜只是身侧皮肤的延伸，但蝙蝠的翼膜有骨骼支撑，能自由收放。另外，蝙蝠的指骨与臂骨极长，皮膜就长在这副骨架上面。

第七章

山居哺乳动物

山有两种，一种是"原始山"（orginal），另一种是"侵蚀而成的山"（carved-out）。"原始山"的成因有两种，一是火山喷发物或其他物质在地表堆积而成，二是板块挤压造成的褶皱。日本的富士山、厄瓜多尔的科托帕希火山、墨西哥的波波卡特佩特火山，以及位于非洲外海的特内里费火山岛都是知名的火山。"侵蚀山"或"残遗山"（relict）原本是高地（不论高度多少），但被雪和其他气候现象蚀割成了高低不平的山陵；残遗山是侵蚀作用的遗迹，是高原或巨石遭自然之手雕刻而成的结果，英格兰湖区、苏格兰高地的山丘大部分都属于此类。不论一座山如何形成，它们都是山居生物的美丽家园。我们也应注意，不同种类岩石上生长的植物也不同，这对当地动物的组成有很大影响。

一般而言，每座山都可以分为三层生态区。最低层是森林地带，与平地树林相接；中间是无树草原，生长着各种草本植物，缓坡与高原常是极佳牧场。在瑞士可看到勤勉的农人在夏天赶牛上山，那里狭窄的岩架上有出人意表的丰美牧草；至于第三层，山区最高处则是较荒凉的高山耐寒植物带，再往上就只有生长在毫无遮蔽的岩石表面的地衣，更往上或许就是积雪。若要全面考察整座山上的住客，将它们依照这三区来分类是个好方法。森林里有熊，草原上有山羊，土拨鼠住在植物稀疏的顶层。不过我们在此要用另一种分类方法，将山居生物分为老住民、殖民先锋以及难民这三类，并特别强调其中的哺乳类与鸟类。

北方与北极圈内的动物，在冰河期期间大幅向南移动（如进入中欧）。我们从保存在洞穴地下和其他地方的动物骨骸能够得知，当气候变得和暖，冰河消融，某些来自北方的动物因此灭绝，也有些（如驯鹿）能长途跋涉回到北地，有些则爬到山上。这些在冰河期后迁移上山的第一类山居动物以几种动物为代表：个头很小，很少下到低于海拔一千两百米处的雪田鼠；曾住在低地草原的阿尔卑斯山灰旱獭；会在冬天换上雪白外衣的雪兔；也会随时序入冬而变成白色的雷鸟。它们，以及其他许多动物的祖先曾在极北之地居住，或到了南方后在冰河脚下定居，现在它们也在高山上找到了类似的环境。

第二类山居动物则从山下来，它们是富有冒险精神的殖民者，前往高海拔地区谋生。体格健壮的动物总想到新地方去闯一闯，一方面是因为它们的数量增长得太快，留在原居地谋生不易；另一方面，它们也的确拥有货真价实的进取精神。饥饿或可作为移居动力，但许多高地动物本来就有好奇心和爱探险的倾向。

山羚（klipspringer）原本是生活在亚洲大草原上的羚羊，现在也成了山居动物中反殖民先锋的代表之一。与它并列的还有印度高山上的斑羚，落基山上的岩羊，西藏的牦牛，阿尔卑斯山上那不幸的羱羊（*Capra ibex*），以及喜马拉雅山上的捻角山羊（*Capra falconeri*）。野生绵羊或山羊也会为了寻找水草而越爬越高，同时发现高处岩架较为安全，但这种安全只是暂时的，因为不安本分的肉食动物，例如雪豹与美洲狮，很快就会跟上来。同理，猛禽类的金雕也随着松鸡与雪兔的脚步飞上高处，变成高山殖民者中的一员。

第三类山居动物由受压迫的动物组成，它们面对低地上众多动物之间的激烈生存竞争，逃难到了山上。这组动物与前一组殖民者之间的差别并不大，但主要差异在于：前者上山是为了避难，而后者上山却是要开拓新天地。它们因缺陷而处于不利地位，这在非洲、巴勒斯坦、叙利亚一带的蹄兔目动物身上体现得十分明显。这是一种小型哺乳动物，动作不快、智商不高，时常紧张兮兮，身上没有武器也没有甲胄，连掘洞都不会，说它们是"病夫"实不为过。某些蹄兔为了保命而住到树上，某些则爬上高山，甚至爬到三千米高的地方。它们身披厚毛以御寒冷，足部形态适于在岩间奔窜。比利牛斯山上的比利牛斯鼩鼹（*Galemys pyrenaicus*）也是如此，这种小型食虫目动物（过去住在英国）也是为了逃难而上山的。它为了让安全更有保障而发展出水生习性，同时也会挖地洞。它的个子很小，躯干和尾巴都约十三厘米长，全身上下都富有奇趣。它的吻部能灵活动作，像是象鼻的雏形。如果我们能了解蹄兔与比利牛斯鼩鼹的处境，我们也就能了解高山鼩鼱（*Sorex alpinus*）、西藏短尾鼩⁽¹⁾、喜马拉雅水麝鼩（*Chimarrogale himalayica*）上山是为了寻求庇护。如此，我们也该把河乌这种特别爱待在山间、溪涧的鸟儿归入这一组。

就让我们简短述说一下动物如何让自己适应山区毫无遮蔽、寒冷、贫瘠、地形陡峭以及其他不利形势的情况。一层极厚的毛或极密的羽毛能抵御严寒，这在山羚或雷鸟身上都可看到。雪兔与雷鸟在冬天变成白色，这能够减少体热散失，也能帮助自己不被敌人发现。比起不爬山的表亲柳松鸡，雷鸟的心脏更为强壮，这对山居者来说是很大的优点。在缺乏掩蔽物的环境下，及时警报变得更为重要，人们听到的灰旱獭发出的清亮哨声，就是出于这个目的。要在险峻的岩间活动，脚步必须稳健，而山羚和斑羚都完美展现了这项能力。另一个适应高山生活的重要条件，就是能以多样化食物维生的体质（如熊），以及能忍受最简陋食物的精神（如雪兔在不得已时也会啃食地衣）。

---

(1) 译注：mole shrew 指 Asian mole shew，下有四种，其中有两种都分布在印度与中国交界处，因此无法确定此处指的是哪一种。

山狸

　　大约一百年前，人们在北美西部发现了名副其实的活化石山狸（*Aplodontia rufa*）。某些专家认为，山狸所属的族群，正是现存各类啮齿动物（包括河狸、松鼠、豪猪、田鼠、大鼠、小鼠、兔子与野兔）共同的老祖先，如今只剩这么一个代表。无论如何，我们可以确认山狸是古董级的生物，从遥远的过去一直存活至今。它的生活范围只限于北美洲太平洋岸，北至不列颠哥伦比亚省，南到加利福尼亚州。这种生物尾短吻钝、矮矮胖胖，长度不超过三十厘米，体色从黑到灰，眼睛鼻子都很小，耳壳底端还有个白点。

　　山狸是藏头藏尾的夜行穴居生物，素来不为人知。它们必须住在土壤厚实、植被茂盛的地方，它们喜欢小溪河床或是有水流渗下的山侧潮湿斜坡。在加利福尼亚州，它们总要找到生满蕨类、莓果或其他低矮植物之处，以便掩盖那范围广大但入地不深的地下通道入口。两条隧道常交会成十字路口，于是地底就有了一整片通道网络，里面各处偶有蕨叶或花土铺成的球状巢室，有时巢旁还有一间低矮的方室，从墙面与地板的痕迹来看常被使用。通道中还有储存植物根、茎、叶的小空间，这些壁橱最后会以土块封起。

　　加州大学的查尔斯·L.坎普[1]曾对美洲山狸的习性进行了详细研究，我们对这种腼腆生物的认知，大多是从他的描述而来的。山狸是草食动物，但食物类型多样，它喜欢蕨类的地下茎、植物肥厚的根部、鲜嫩的新芽、幼树的茎以及各类草本植物。它在夜间觅食，

（1）　查尔斯·L.坎普（Charles Lewis Camp，1893—1975）：美国古生物学家与动物学家，对美国西部的历史与人物也有研究，曾数次参与美国国内大规模恐龙挖掘行动，"坎普龙"就是以他的名字命名的。

白天休息。它动作缓慢、步态拖沓、性格怯懦，因此我们可以了解它为何要在夜间收集大量粮食再躲回地洞中慢慢享用。观察者常注意到它类似制备干草的有趣行为，它会将植物的某些部分仔细切成一段一段的再铺开风干，它不会吃这些风干后的草，似乎是用来铺地的。

毫无疑问，山狸也会贮存新鲜树枝以备不时之需。它们进食的动作有点类似于松鼠，会用一双或其中一只前掌将食物送进口中。如此原始的生物、洪荒时代的老古董，这种"活化石"竟展现出绝佳的餐桌礼仪，不禁令人啧啧称奇。有个有趣的小细节：山狸会像人类使用大拇指一样使用它前肢的第一根短手指。它开怀大嚼时还会一屁股坐在自己的短尾上，这点就跟松鼠不同。

山狸有时会爬到海拔两千米至两千五百米的高处，不过它们似乎不像远亲灰旱獭那样会冬眠。有人看到过它们在雪地上狼狈奔跑（虽然怎么跑都跑不快），它们还会爬上低矮的灌木取食多汁新芽。既然这种哺乳动物全年都能找到食物，在情况恶劣时还有仓储备用，它大概不觉得自己有冬眠需求。山狸很爱干净，洞穴排水良好，废弃物可能都被它们掩埋起来了。

像山狸这样的生物如何求生？它的视觉与听觉似乎一般，但触觉极其敏锐，正符合它掘洞为居的习性。"就算只是毛发被轻轻碰到，它也会立刻做出反应、猛然抽身"。它们也具有灵敏的嗅觉，这些害羞的群居动物身上有高度发达的气味腺体，因此大概是靠嗅觉辨认彼此。这种生物有个奇特之处，它们虽过着集体生活却不会叫，只会用下门牙挫磨上门牙顶端来发出警报声。其他一些啮齿动物，比如北囊鼠和土拨鼠，也会用牙制造类似的声响。我们有时也会听到野兔发出类似的声音。

对于山狸的家庭生活，我们几乎一无所知，只知道它每年可能怀两胎，每胎可能会生下四到六只。至于那安全舒适的育儿巢，我们前面已经说过，不再赘述。

这种奇特生物的存在究竟有什么意义呢？这是一种动作奇慢的哺乳动物，连小孩都能轻易捉到它。它反应迟钝，因动作太过笨拙而无力抵挡攻击。它不但生性怯弱，体格也与强健搭不上边。这种生物如果不是躲到深山里、地洞里，它还能在哪里安身呢？它在地底如鱼得水，能顺畅前进或倒退，小鼻子、小眼睛和短尾巴在地道里全不会碍事。它在夜间的觅食活动有纤细的触觉相助，白色黏稠的泪液更能减少在地洞中擦伤双眼的风险，可以说是造物者的神来之笔。因此，就算有臭鼬、野猫、老鹰和雕鸮进逼，山狸仍能守住自己的一片天地。

※　※　※

苏格兰高地沼泽的大部分为积雪覆盖，人们若是运气好，能同时看到两种白色的动物——雪兔（mountain hare）和白鼬。前者全身雪白，只有耳尖一点黑；后者也是全身雪白，只有尾尖一点黑。不过，观者的幸运可能是雪兔的不幸，因为当这两种雪白动物一起现身时，大概表示白鼬正酝酿着要捕杀眼前的雪兔。这下子就有了个矛与盾的问题，前面已提过：冬季雪兔的白色大衣确实能让它隐身于雪地，躲过掠食者的饥渴双眼，但夏天身披栗褐色的白鼬也会以同样的手法在冬日匿迹，因此也变得更容易潜伏。

雪兔

托马斯·彭南特[1]于一七六九年秋季前往苏格兰高地旅行，在山上看到"白野兔"（这是他对雪兔的称呼），还写信给吉尔伯特·怀特讲述此事。在怀特的回信中，以下这段话十分有意思："听说苏格兰山地常见白野兔，尤其听你说这物种与一般野兔不同，我感到很欢喜，因为不列颠的四足动物种类实在太少，能发现任何新成员都是大收获。"白野兔至今仍在该地生长繁衍，且在苏格兰高地某些地区数量颇丰，因此常挂满售卖野味店铺的橱窗。它们后来也被引进英格兰与威尔士，在某些地方定居。

与平地的褐色野兔相比，雪兔体形更小、头更大、眼睛更圆、耳朵更短，后腿相对来说更长，毛皮也更柔软。它跑起来不算快，但动作在哺乳类中可称迅捷；它也不像野兔那样警觉心强、个性害羞，可能是因为它较少受到天敌威胁，但也可能是因为它比野兔笨得多。此外，雪兔不在草地里做窝，而是在巨石缝或碎石堆间藏身，少数情况下甚至还会在地上挖个洞，称不上是穴居但也有些雏形，这是它们与一般野兔的另一项差异。某些粗糙的食物，野兔平日里绝不屑于碰，除非饥不择食；但雪兔却对这类食物甘之如饴，它们会吃帚石楠的硬叶或者啃食地衣。虽然这种情况依地域不同而有所差异，但难怪雪兔肉的风味大不如野兔，是肉铺里的便宜货。

雪兔从九月开始换毛，卸下灰褐色的外衣。深冬时它们已经是一身白净，只剩下耳尖的黑色。它和大部分啮齿动物一样总在掉毛，只是秋天新长出的毛所含的色素较少，因此偏向于白色。这些毛会反射所有光线的波长，尤其当它们积聚在动物体表、彼此间又有透

---

(1) 托马斯·彭南特（Thomas Pennant, 1726—1798）：十六世纪威尔士博物学家、旅行家、作家与古生物学家，著有多部自然史著作与附插图的游记，向大众介绍了英国许多不为人知的角落。现在有许多种类的鱼和贝类都以他的名字命名（如彭氏白鲑）。

气间隙时效果更好。但事情并非如此简单，阿伯丁大学的麦吉利夫雷教授很久前就留下相关记载，说雪兔身上可能有个别褐毛会直接变白。至于这些毛发是怎样变色的，就由卓越的动物学家与生理学家梅契尼可夫[1]来告诉我们答案：变形虫状的游走细胞会从毛发核心进入毛发表层，将极细小的褐色色素微粒吞噬并带走，然后穿过毛发根部进入皮肤。毛发结构随后很快死亡，至少表层如此。据梅契尼可夫的说法，雷鸟羽毛变白、人类头发转灰，都是出于同样的原因。他将这些游走细胞称为"噬色素细胞"，也就是会把颜色吃掉的细胞。

不过，面对梅契尼可夫的新学说，本书仍愿采用传统立场，即认为是由于细微气泡出现在毛发中才使它们看起来变成了白色，而非全因色素消失所致。然而，因为并没有详尽的调查资料，我们也不敢断言谁对谁错。

我们曾见白野兔在积雪沼地上跋行，然后驻足，好奇地望向我们。当我们追上前去时，它就会像幻影般瞬间消失。此时我们脑中的第一个想法就是：以雪地为背景，这种生物真能让人视而不见！好似它掌握了隐身法宝"巨吉斯之戒"[2]的秘密。但是，某些原因告诉我们不该继续朝这个方向推想，因为当雪兔身处非雪地环境（这是常见情况）时，白色反而会让它变得更显眼。况且我们也应记得，当山巅或高地大雪纷飞时，雪兔却更常往山腰或植物茂密处跑，这下"万绿丛中一点白"，想不引人注意都不行。

---

(1) 埃黎耶·埃黎赫·梅契尼可夫（Ilya Ilyich Metchnikoff, 1845—1916）：俄国动物学家，以免疫学方面的研究著称，他是巨噬细胞的发现者，提出了"细胞媒介免疫"的概念，与提出"体液免疫"概念的保罗·埃里希同被尊为免疫学奠基者，两人于一九〇八年获得诺贝尔生理学或医学奖。

(2) 译注：柏拉图《理想国》一书中提及"巨吉斯之戒"的传说，说这是一枚能让人隐形的戒指，巨吉斯凭借这枚戒指潜入宫中，引诱王后得手，与王后合谋杀死国王自立。

如此这般，必得从另一条路探究雪兔换白毛的用意。在秋天，雪兔体表毛发的生长机制与其他季节不同，这才是它身体变白的主要原因，而这并不代表雪兔的身体出现了问题，恰好相反，秋天毛色变白时是它们最活跃的季节，更何况它底层的毛发一直维持白色不变。其次，这是千万年来物竞天择所造就的生理韵律，白毛最能为动物保存珍贵的体热，其价值并不在于隐身，后者只对生活在极圈内的动物有很大意义。

雄兔与雌兔在冬天不太打交道，但开春后不久，小伙子就会开始追着姑娘跑。雄兔是多情种子，常为雌兔一决高下，双方会用后脚站立着拳击，或用凿子般的门牙狠咬情敌。

第八章

沙漠与草原的哺乳动物

提到沙漠就令人想到骆驼，它是那里最具代表性的居民，甚至我们可以说它是沙漠的征服者，因为它身上具备了太多适合在沙漠里生活的特征。修长的四肢、能自由活动的大腿造就了高速移动的能力，它可以连续四天每天走两万四千米。骆驼蹄已退化成钉状构造，第三趾与第四趾平贴地面，下有衬垫般的肉垫支撑，适于在沙漠中漫步。此外，它的胫骨底端（两根掌骨在前肢上的融合处，以及两根跖骨在后肢上的融合处）分叉为两个结，上面少了一般偶蹄动物具有的龙骨脊，因此脚趾能左右移动不受限制。于是，这两根脚趾在踏地时会因受力而向外摊平张开，不会让这头沉重的生物陷入沙中。

双峰驼有两个驼峰，单峰驼只有一个。驼峰由胶质脂肪构成，是沙漠之旅的必备补给箱。若看到骆驼背上这奇瘤竟朝一侧瘫垂，就知道它的日子快过不下去了。面对自己驼峰消减，骆驼也是沮丧至极。除此之外，骆驼瘤胃胃壁内的储水库也值得一提，它由大约八百个开口处有括约肌的瓶状构造组成，只要骆驼稍微缓解了口渴，或是瘤胃中出现植物汁液，这些瓶子就会自动开始存水。"等到饮水不继时"，美国动物学家理查德·斯旺·勒尔（Richard Swann Lull）写道，"贮存的水分就会慢慢渗出、流到胃中，然后进入闹旱灾的血液里。"还有一件事值得一提，骆驼虽会反刍，但它们的胃只分成三个部分而非四个，这与古老的鼷鹿科动物类似。牛羊反刍过程中食物所经的第三个胃，也就是重瓣胃，在骆驼身上只有不起眼的雏形，不知是开始发育的征兆，还是已经退化的遗迹。骆驼的臼齿极适于咀嚼粗硬植物，而那也是它们的主食。

骆驼头部高高抬起，让双眼远离地面反射的高热。除了长睫毛能够阻挡沙尘飞入眼中，它的耳朵里也塞满了毛，甚至能阖起鼻孔阻绝沙粒进入。此外，它还有双视视眼，且能闻出老远外的水源。总之，面对沙漠环境，骆驼已做出多样而充分的回应。除了一身硬皮、膝盖与胸口处长满疙瘩，骆驼的内在也一如其外，它拥有吃苦耐劳的坚毅美名，因此我们总能读到类似于以下记载的文字："一百只满载货物的骆驼，连续十三天长途跋涉，过程中一口水都没喝。"美国地质学家约翰·沃尔特·格雷戈里（John Walter Gregory）就引述过发生在大洋洲的一个例子：一批引进大洋洲的骆驼在缺乏饮水的情况下，在三十四天内走了八万六千米。不过我们也不必将此视为超自然的奇迹，因为骆驼能从植物中摄取水分，借此撑过旅途。

骆驼具备优良的体质，不论生死都对人类用处多多，也因此成为被人类奴役的对象。那些生性反骨或脾气太坏的个体遭到消灭，余下的被迫像机器一样工作，成了失去灵性的驮兽。偶尔会有骆驼决定叛逃——西班牙的野生骆驼群落就是这么来的；它也的确会不断咕哝着、咆哮着，又咬又踢地向人类抗议。或许正如美国作家乔治·艾尔弗雷德·亨蒂（George Alfred Henty）所说：它们的坏脾气变成了一种找乐子的方式。骆驼们简直像是成立了某种工会，其中一条规约是"任何被用作运输工具的骆驼的走路速度不得超过每小时五千米"，另一条是"若遭人类骑乘，必须尽力发挥'沙漠之舟'又摇又荡的特色"。俗语说的"压垮骆驼的最后一根稻草"并不符合事实，因为骆驼若觉得背上负担太重就会直接罢工，拒绝起立。然而，我们必须承认，是人类在骆驼身上灌注了这种顽固的阴郁性格，因为人类对它全无善意，骆驼也以眼还眼。它看世界的眼神既轻蔑又带着厌倦，脸上时刻挂着冷笑。艺术家绝不会说骆驼长得丑陋，但这面相也实在不喜人。另外，骆驼在反刍时，有时看起来好像深陷精妙思虑，或许它是在想：骆驼科生物是唯一拥有椭圆状红细胞微粒[1] 的哺乳动物。如此特殊的它们，真是身陷囹圄的贵族啊！

※　　※　　※

关于双峰与单峰骆驼究竟如何被人类驯养，仍有太多不确定之处，甚至时间、地点我们都不清楚。这两种骆驼能互相杂交，后代会遗传单峰骆驼的单峰，以及双峰骆驼的一身褐色长毛。然而，我们也可以确定这两种野生物种的来源并不相同。双峰骆驼可能发源于较北的地方，介于戈壁沙漠与伊朗高原之间。单峰骆驼的大本营则可能在阿拉伯与北非。两种骆驼都长久沦落为奴，但对它们自己来说，或许这还是比绝种好一些的命运。现在世界上已经没有野生单峰骆驼，双峰骆驼或许还有野生种群，但希望也不大。在中国罗布泊一带和土耳其斯坦都有骆驼族群生活，但这些族群的始祖很可能仍是人类驯养的骆驼，逃脱之后在当地野化形成群落，而非原居该地的野生种。

骆驼一族于数百万年前发源于北美，时当始新世晚期。它们最早的老祖先是名为"原疣脚兽"（protylopus）的小型生物，体形不比野兔大，生有四根足趾。然而，大自然挥舞魔杖，对它说："我要让你成大器。"在那之后，百万年岁月悠悠，到了渐新世，又有一种骆驼先祖现身世间，那就是"先兽"（poebrotherium）。先兽的体形已有绵羊般大，且食指与小指都已退化。只有两根脚趾的"原驼"（procamelus）出现于中新世，它的体形比羊驼还大（羊驼是骆驼的远房表亲）。到了上新世，又见"上驼"（*Pliauchenia*）到来。更新世之后，骆驼族群艰苦跋涉越过白令海峡进入欧洲，而北美老家一只骆驼也没留下，只余壮观祖坟，埋着一只只看似骆驼又

---

[1]　骆驼的红细胞为中间有凹槽的椭圆形，这样的形状能让红细胞在脱水的情况下流动，且不容易在大量摄取水分时破裂。

不像骆驼的先祖遗骨。眼见此景，竟然还有些美国人不尊重事实，拒绝相信演化论。

若就生物的数量与多样性而言，干旱草原的确无法与水草更丰美的平原相比，但这里也有专属的有蹄动物，极具当地特色。形貌怪异的高鼻羚羊（*Saiga tatarica*）数千成群在草原上驰骋，它与黇鹿差不多大小，但腿较短，冬天时，一身黄毛的颜色会变淡。公羊生着竖琴似的角。它最奇怪的特征是长得夸张又肿得很大的鼻子，鼻孔极宽且相隔甚远。大体而言，它的外貌与习性都与一般羚羊或瞪羚类似，不过脸上带着绵羊般的表情，身上也长着绵羊般的毛。干草原上缺乏遮蔽物且饥荒，旱灾说来就来，在这里讨生活的大型动物都必须动作迅捷，高鼻羚羊也不例外。它们能快跑但无法持久，很容易被吉尔吉斯的骑士猎手追上。

双峰骆驼一身粗毛，四足坚硬，腿很短，是干草原上的典型生物。当地游牧民族视它为珍贵家畜，不过当地也存在一些野生族群，争议之处在于：它们是一直过着野生生活至今呢，还是像西班牙著名的野骆驼一样，由逃出人类手中的驯养骆驼野化而成？有人认为，这一地区曾有人类聚落，当地野生族群的祖先很可能是浩劫余生的家畜，可能是城市遭到暴风雨或沙暴摧毁，才让它们脱离人类独立求生。无论起源为何，它们很好地适应了干草原的环境，走在山坡或多石地带时如履平地，经得起严寒考验，无可奈何之下连含盐量极高的植物都能吞吃消化，还能饮用咸水，两座驼峰能储存足够的热量，在粮食短缺时有备无患。以上这几点，单峰骆驼都办不到。

※　　　※　　　※

亚洲干旱草原上最有趣也最具魅力的有蹄类生物，大概非野马和野驴莫属。它们至少有三种不同的种类：欧洲野马（tarpan）、普氏野马（Przewalski's horse）（与家马的相似程度最高），以及主要出没在青藏高原上的西藏野驴（kiang）。这三种生物习性相似，夏天时，十到十五只母马会成队游荡，身边带着小马，每个小队都由一只强壮的公马领导。不具领导地位的公马一成年就会被逐出队伍，四处孤身闯荡，逐渐迈入盛年。孤独的公马会在高处兀立数个小时，瞭望是否有马群经过，一旦发现，就会冲上前去挑战群体领袖，但能当上领袖者也绝非省油的灯。双雄争霸的过程既暴烈又漫长，群中其他成员只是漠然观望。若挑战者获胜，它们就会毫不犹豫地追随新王而去，接受它与老王一模一样的铁腕统治。对野马而言，体力与警觉的重要性不亚于速度，因为潜行的狼只可能躲在灌木矮林中，但野马却因体积太大而在干草原上无处藏身。不过，马群领袖既然有本事夺取并守住王位，也绝对有本事与野狼一对一，甚至以寡敌众。只有动作慢的或是体弱的野马容易丧命狼口。即使在一般状况下，野狼都不太容易猎得这些野马中的劣势者，因为它们感官敏锐，能及早发觉敌人接近。

野狼好对付，但要躲过人类猎杀就没那么容易了。游牧民族长久以来都有狩猎野马的习俗。人们说，野马是种骄傲而迷人的生物，浑身散发着尊严、力量与高昂的精神，其生性腼腆，但举手投足间竟有种冶艳风情。如果遭到追捕，它们会先好奇地瞪视追兵一会儿，然后拔腿飞奔。在领袖的指挥下，马群逃命时也成整齐队列，动作精准美妙。它们会突然一起停步，向后张望，然后再次转身，迈开步伐继续狂奔。它们通常无须全速奔跑就能甩开敌人，有时还可见到马群为了幼马刻意放慢速度。只有遭大批猎人成圈包围时，它们才有可能任人宰割。

"干草原上，花开时节短，凋萎与死亡的时节却长。"[1]春天带来

---

(1)　出自德国诗人 J. 路德维希 · 乌兰德（J. Ludwig Uhland）的《戏剧诗作》（*Dramatic pieces*）。

雨水和融雪，是这里唯一的丰饶季节。但炎热的夏天总是来得太快，将一切晒干。情况在秋天稍得缓解，虽然只是杯水车薪，但种子、果实和枯干的草叶已能让野马感到满足。只是，当霜雪降临，湖泊被冰面覆盖，它们就要为饮水短缺所苦了。一群群马儿不断会合，直到形成大军。它们开始跋涉，不是向着温暖的南方，而是向着积雪更深的北方。在那里，它们能以雪水止渴，还能用蹄刨开雪堆寻找粮食，粮食的数量足以充饥。无论如何，冬天都是物资短缺的艰苦时节，马儿也个个变得形销骨立。野马极其耐寒，但只要雪稍融后又结冻，在地表的雪堆上形成一层冰，野马就无力破冰挖掘雪下的食物了，许多只好凄惨地被活活饿死。狼群也会在此时乘虚而入。不过这勇敢的小生命可谓意志顽强，一旦春光稍显明媚，它们就会兴奋地奔回夏季草原，像往常一样回归小群生活。

第九章

水生哺乳动物

时光回到泥盆纪与石炭纪，一批两栖类生物爬上岸，成为最早在陆地上立足的脊椎动物。接着，古两栖类逐渐演化出爬虫类，陆生爬虫类又演化出鸟类与哺乳类。要在开阔的陆地上讨生活并不容易，许多陆生动物因此转而找寻其他栖身之处，躲避陆地上激烈的生存竞争。它们有的住到了树上，有的开始挖洞，有的学会了飞行，还有的返回了大海。说到从陆地上回归海洋、回到先祖栖息地讨生活的哺乳动物，鼠海豚就是一个绝佳的例子。

鼠海豚

约翰·伯登－桑德森[1] 爵士是一位大学教授，也是一位声名卓著的生理学家。他曾说：当我们看见一只美丽动物时，内心的愉悦中常混杂着敬佩，敬佩它们对其生活环境的高度适应。这个道理在鼠海豚和海豚身上非常适用，它们的泳姿独具一种和谐与美感，身体曲线更是赏心悦目。当我们看着它们，或其他任意一种鲸豚类哺乳动物时，都会下意识地发出感慨：它们是如此适应所处的环境啊！

鼠海豚的体形极利于快速游动，是如游艇一般的流线型。它穷尽一切手段减小水中阻力，例如它皮肤光滑，身上也没有耳壳之类

---

(1) 约翰·伯登－桑德森（John Burdon-Sanderson，1828—1905）：英国生理学家，在生物学和医学方面都颇有成就，他率先发现青霉菌能抑制细菌生长，为之后弗莱明研究抗生素奠定了基础。

的突出构造。此外，它的尾部扁平，能将水反复推送到两侧以产生前进推力，无须旋转也能达到螺旋桨的效果。它的前肢已化作平衡用的鳍肢，身上的毛发全部消失，不留痕迹，而毛发原本用来维持体温的功用则由厚厚一层导热性低的鲸脂取代，同时，鲸脂也能替鲸豚类生物增加浮力。如果要问什么是鲸脂，我们就会发现：其实鲸脂和任何哺乳动物都有的皮下脂肪一模一样，只是厚得多。齿鲸原有的两个鼻孔合而为一，成为头顶的气孔，能帮助它们在浮上海面时呼吸。此外，气孔内还有瓣膜，能在它们潜水时阻挡水流倒灌。

它们的脖子退化得极短，便于潜入"五英寻的水深处"[1]或更深处。它们的体内有奇特的血管网络，某些学者认为这能贮存大量氧气，以备长时间下潜。在海底哺乳想必不便，但它们也有法子一口气喂给宝宝一大口乳汁。它们还能以一种有趣的方式将喉头（位于气管顶端）往前推送，与鼻腔后方的开口连接，这样从外鼻孔就有一条毫无岔路的管道直通肺部。于是当它们必须长时间张嘴（如咬住一条挣扎不休的鱼）时，海水也不会因此流入气管。

鼠海豚是英国最常见的鲸豚类动物，许多人都见过它在浪花间跳跃嬉戏。它的动作非常优雅，一群鼠海豚成队游泳时，人们只见弯月般的背部曲线上升又下降，有如一条舞动的海蛇！当它觅食时，每过半分钟左右就会浮出海面，首先出现的是吻部与头部，然后是背鳍与背部中央部分，最后才是铁锚般的尾巴，三十秒后就又可见到吻部破水而出。这些动作都由尾巴这个推进器不断扭推提供动力，至于鳍肢则用来保持平衡，或者偶尔用来紧急刹车，平时都平贴身侧不用。这些对海豚动作的描述，实不足以形容它们活力的万分之一，它们时常成群嬉闹，精力充沛，观之令人心情舒畅。比起平时在海面浮沉的规律，这种时候常可见它们以各种方式飞腾跳跃，动

---

(1) 译注：出自莎士比亚《暴风雨》第一幕第二场。

作更为大胆冒险。

鼠海豚分布在从地中海到大西洋的海域中，不过它最常在岸边出没。它是挪威与苏格兰峡湾（如克莱德湾[1]）的常客，不仅相貌，连声音都为人熟知。当地无人不晓那声音，好似啜泣又好似叹息，当那声音在暮色中回荡时，听者皆知那是一头鼠海豚正长长呼出一口气。和其他大型鲸类不同，它们并不会喷出水柱。

鼠海豚大多时候以鱼为主食，尤其见到鲱鱼或鲭鱼这类外海鱼群时，必得追上几只来吃。只要有成群鲭鱼，旁边一定聚集着大批鼠海豚，有时可达五十只之多。其他时候，它们在近海来回巡游，寻找幼鳕或类似的鱼儿。此外，海豚嗜食鲑鱼，有时会为此长途溯游而上。伦敦桥上游处常见它们的身影，甚至有记录说人们在巴黎捉到了一只鼠海豚。它们的牙齿利于捉鱼，但不像真海豚那样呈尖利圆锥状，而是拥有锹状齿冠。一排牙齿的总数约为二十六颗。

它们一次只生一胎，只有少数例外状况。这一方面可能是面对水下哺乳的困难而不得不如此，另一方面则显示出它们常能安然享尽天年，因此不必以多产方式确保族群延续，经济实惠的小家庭已然足矣。鼠海豚出生前长时间在母体内发育，孕期约达十个月，这在天赋极高的哺乳动物身上很常见。母亲对孩子慈爱无比，长期呵护备至。米莱爵士在其关于英国哺乳动物的大作[2]中说了一个故事："两只鼠海豚游在船边，一只被抓到船上但未遭宰杀，另一只紧跟船只游了大约半小时，后来船员将捉来的那只放回海中，这两只便一起游走了。"被抓的是不是孩子，而紧追不舍的那只是不是母亲？这一点我们无从确认，但可能性颇高。如果以上推论不符事实，那米莱这段故事显示的就是鼠海豚之间浓烈的同胞爱。

---

(1) 译注：位于苏格兰西南部，面对大西洋，是英伦三岛上最大的海湾。

(2) 译注：此著作为一九〇四年出版的《大不列颠与爱尔兰的哺乳动物》（*The Mammals of Great Britain and Ireland*）。

值得注意的是，和其他鲸豚类生物一样，鼠海豚母亲也在外海生产。这与回到岸上进行分娩的海豹形成强烈对比。同样，鼠海豚一降生就会游泳，但小海豹则必须留在岸上成长好一段时间，如果掉进水里就会溺毙。以上对比告诉我们，鼠海豚和其亲族在海中生活的历史远长于海豹。此事还有其他证据，例如，鲸豚类生物的外表已不见任何后肢痕迹，但海豹仍有发育健全的后肢，只是不再用来支撑身体而已。鼠海豚与海豹都是陆生动物后裔，但活在海中。我们知道海豹先祖是陆地上的肉食动物，但鼠海豚最古老的家系已不可考。它们都展现了生物界寻找新领土加以征服，或把握机会寻求新生存空间的广泛趋向。

就我们所知，尚未有任何博物学家有幸与鼠海豚建立亲密友谊，对它们的私生活，我们也所知甚少。它们是合群、聪明、活泼的有情生物，以自己独特的生活形态取得成功。据说它会叫，但至今未有可信记载 [1]。

鲸类总论

鲸的身体构造与生活习性，尤其是它们适应全然水栖生活的多重能力，本已非常有趣。然而，当我们从历史角度加以研究，发现它们的先祖曾长时间生活在陆地上，而这些后裔又回到海中（就像蠵龟原本也是陆生乌龟，现在却在外海求生）时，我们对它们的兴趣就又多了不少。就让我们从历史的角度出发看看鲸吧！

在鲸体内深处，尚存腰带 [2] 与后肢退化后的小小残迹，我们很

---

(1) 此指本书初版时的一九三一年。
(2) 译注：指两根髋骨构成的弧状构造，此弧状构造与后方脊椎连起来成为一个完整的骨盆。

确定这些萎缩的骨片已被废置。这类构造常被称为"痕迹器官"，但我们必须知道它们可不是某种雏形或萌芽期的构造，假以时日就会变大且展现出用途，而是逐渐凋萎、消失的结构残遗。一头九米长的鲸，身上有块骨头比人的手掌还小，但功能却相当于人类的大腿，这是多么不可思议！已绝种的爬虫动物载域龙（*Atlantosaurus*）[1] 的大腿骨有一点八米长，与鲸相比真是天差地别！但鲸要一对深藏体内而无用的后腿做什么呢？唯一的答案是：它们的陆生祖先曾拥有一对庞大好用的后肢，但现在已被废弃，因此逐渐萎缩。鲸的尾部是一个不旋转的推进器，左右两个扁平分叉就是扇叶。海豹属于食肉目而非鲸豚目，它们的后腿并不用以站立，但也未退化消失，而是转向后方，形成主要的推进用器官；尾巴粗短，并未像鲸那样变扁变宽，两条后腿则是平贴尾部两侧。附带一提，这两种生物产生前进推力的做法都是先将大量的水推到身体后方一侧，然后再往另一侧大力推水，如此这般左右迅速交替。鲸类身上扮演推进器扇叶角色的是尾部的两瓣分叉，海豹则用两条后腿，动作原理有如船夫摇橹。

鲸全身无毛，从头到尾都是光滑的皮肤，能在游泳时减小阻力。与一般一身是毛的哺乳动物相比，鲸类这个特征非常独特。不过，鲸的胎儿身上却有许多发展不完全的毛发，而若知道鲸是由陆生哺乳动物演化而成，我们就能了解这个现象背后的道理：这些毛发是过往先祖特征在今日的重现。我们也能以此解释某些鲸类嘴唇附近还顽强残留着几根感应毛的原因。鲸豚类生物确实会在重要部位留下几根毛发作为触觉器官之用，用途类似猫颊上的胡须，这是明明白白的事实。鲸类嘴唇上这些感应毛上常布满神经，有时一根毛上就聚集了四百条神经纤维！这些感应毛虽是陆生哺乳动物的毛发遗迹，但绝非无用的残骸。总之，一旦以演化作为基础，我们就会发

---

[1] 译注：由于目前发现的骨骸太少，无法确定此种恐龙是否为一个独立的属，连学名都是疑名。

现鲸类那几根小胡子有着举足轻重的地位。

成年须鲸没有牙齿，而是从上颌长出了角质板，板缘呈长须状，向下垂入口腔。有的鲸须长度可达两米！当它张大嘴巴向前游动时，无数海蝶（生活在外海的腹足类动物）和鱼苗就会被卡在鲸须上，须鲸只消偶尔伸出舌头一扫，就能把挂满须的战利品吞入腹中。牙齿对它来说是无用之物，但它仍然长了两副。不过，这两副牙还来不及在牙龈上固着生根，就会被身体吸收。如果我们不知道鲸鱼的祖先住在岸上、必须用牙齿咀嚼食物的话，就不会了解这两副牙只是古代遗迹，而会将它们视作难解之谜。

※　　　※　　　※

某个夏日深夜，我们下锚于某座峡湾，四周无风无浪也无鸟鸣，万籁俱寂，连船身都无一点动静。刹那间，一只鲸在旁边喷起水柱，一声有如蒸汽开锅的爆炸声响传来，我们模模糊糊看见一道喷泉如气流之柱矗立空中。

从历史角度出发，我们应当如何解读鲸类的喷水行为？鲸是哺乳动物而非鱼类，因此需要呼吸新鲜空气，无法像鱼类一样取得溶于水中的气体。齿鲸必须潜入深海觅食，又得浮出海面呼吸，因此它要让呼吸频率下降才能取得优势。如汽笛一般的声响是鲸用力排出废气时所发出的，常一响就是连续数声。紧接着，它会深深吸气。鲸类能在肺中（可能也在血液中）储存大量空气，足供它持续潜水十到二十分钟。它喷出的气柱里主要是空气，也包含水蒸气（遇低温可能结成水珠），以及一些被带到空中的海水。气柱可能高达四五米。上述这几个例子，都说明了自然史研究如何以演化史的新角度来了解这些生物。一切事物都有其长远历史，过往之手仍在今日发挥着作用。

海豹

我们可以说海豚、鼠海豚、鲸与其他鲸豚类生物都是实至名归的大海征服者，但要是说到海豹，就会想到岛屿和海湾，因为它们尚未像鲸豚类动物那样不再需要依靠陆地。

海豹的先祖本是陆生食肉动物，后来才开始过着讨海生活，这一点毋庸置疑。它们现在还是会上岸休憩、睡眠，或是生产育幼，透露出它们原本来自陆地的过往。不过，海豹由陆入海、冒险开拓新天地的时代想必已经久远，因为它们身上已演化出许多适应海洋生活的特征。它们的身体稍呈锥状，利于在水下迅捷活动；它们没有耳壳，体毛平贴体表，后腿向后伸展与短尾齐平，这些都能减小阻力；它能阖上鼻孔潜入水下；敏感的颊须有助于在黑暗中潜水；它的眼睛也能适应深水处的暗淡光线。皮下脂肪能为海豹提供浮力，也能帮它保存珍贵的体热，还能储存能量，让它撑过因暴风雨而无法出海猎鱼的日子。海豹的牙齿尖端向内倾，方便它抓住滑溜溜的战利品，且它双手双脚都有蹼、有爪。综合上述情况，海豹真是为适应海中生活而生啊！

港湾海豹（harbor seal）与灰海豹（grey seal）是英国海岸居民，另外还有四种海豹会偶尔造访英国。其中港湾海豹可能长途溯河而上，甚至跑到内陆湖泊中，在苏格兰的珀斯－金罗斯与奥湖都曾出现它的踪迹。

港湾海豹能以每小时十六千米的速度泅泳，这个速度约为海豚的一半。它在水中转身之快有如变魔术一般。无论鲽鱼、沙梭鱼还是鲑鱼，只要被海豹盯上就必死无疑。当狗游泳时，我们会看到它同时以前后足踏水，但这可不是海豹的作风。它会将前肢收在胸口，只在转弯或控制方向时展开，且它的泳姿与鱼类相似，因为它有肌肉强健的下半身，更有两条紧贴身体的后腿加以辅助。这两条后腿构成推进器的后半部分，先推动大量水到一侧，再推到另一侧，来回疾若闪电。体形较大的灰海豹的速度略逊于港湾海豹，因此只能捕食动作较慢的鱼类（如庸鲽），它必须潜到比"五英寻的水深处"更深的地方才能抓到这类鱼儿。

海豹在沙地上的动作非常奇异，它会以每小时五千米的速度跟跄行走。它耸着肩、垂着头，将两个鳍状前肢向外插入沙中，把身体往前拉（有时还需要后腿猛然一抽作为助力），接着面朝下一趴，再从头来过。它那不断弓起又摊平的动作，想让人不注意也难。曾有一只年轻的灰海豹在陆地上爬了八百米前往一座农舍，虽然人们将它送回大海，但它隔天又故地重游。港湾海豹常有短程陆行的记录，尤其受到人类驯养的个体更是如此，宁肯在陆上活动也不愿被送回海中。海豹身上似乎有种安土重迁的脾性以及找路返家的能力（猫也具备这种能力）。不过，关于这些问题，现有大部分资料都只是逸闻性质而非科学观察。港湾海豹各自有喜爱的岩块作休息用，灰海豹也有各自最爱的水域，它们在那里一待就是几个小时甚至几天。

港湾海豹目前活得还不错，在北大西洋和北太平洋沿岸各地都有繁盛的族群。它们在苏格兰远比在英格兰常见，那里有些安静的地方，一天可见上百只出没。最近还有大量海豹现身于英国诺福克郡与林肯郡交界处的沃什湾。若我们夜间去苏格兰西部某个狭长的海湾里捕鱼，海豹就会友善地聚集过来，将它们子弹形的头颅抬出水面，用一双水汪汪的大眼睛注视着我们。它们听力敏锐，若听到特殊声响就会齐去探索声源。它们这么做是出于好奇，而非出于爱乐之心。不论是六角手风琴还是长笛的乐声都能吸引它们，但只要听习惯了，它们就不再加以理会了。但我们也情愿猜测或许它们只是想换一首曲子听，因为海豹的确拥有一颗发达的头脑，且明显会对某人或某地产生感情、不愿分离，这表示它们情感十分丰富。海豹风趣、爱玩，对"请你跟我这样做"的游戏乐此不疲。海豹母亲也富有母爱，而且海豹之间好像还会接吻呢！这些都证明了我们前面的说法所言不虚。

海豹不仅可以一夫多妻，还会有一妻多夫的情况出现。九月是繁殖的季节，在此之前四到五个月，两性大多分开生活。有孕的海豹会经九月怀胎，在隔年六月产下新生儿，哺乳期约为八周。雄海豹在八月下旬会整天打架。

海豚和其他鲸豚类动物在水中生产，不过海豹这个"下海陆生哺乳动物"的晚辈，还是要回到岸上来分娩。港湾海豹在出生前就会脱下白色的胎毛，换上一身暗色新毛，迎接呱呱坠地后的新生活。小海豹一出生就能入水，但不能久待，必须长时间留在岸上。它们也很需要母亲看顾，这点海豹妈妈可是尽职无比。

港湾海豹没有什么天敌，它们仅有的两个大敌一是人类，二是个头较大的表亲灰海豹。海豹必须回到岸上休息，无法像海豚或鼠海豚那样整天待在水里。它们会乘着浪头跃上岩架，利用指爪艰苦攀爬，就位后调整好姿势以便随时可以溜回海中。有时它们会派哨兵把风，但这些哨兵是渎职打瞌睡的专家。在这种情况下，尤其是在繁殖季，它们最容易成为人类棍下的亡魂。尽管人类无法否认海豹有种特殊魅力，但只要逮到机会，人类就无法抑制杀戮它们的欲望，这种前后不一的态度实在太奇怪了。人类说它们是迷途的灵魂、坠落人间的天使，说它们是人鱼男女，还为它们写下许多美丽的故事、创造出自己虔诚奉守的迷信；但人类也想杀害它们，不论是它们玩耍时、睡觉时，甚至是慈母上岸安抚幼儿时。我们怎能不听听海豹的哀鸣！

海牛

在非洲与美洲面向大西洋的海岸地带（北至佛罗里达州），住着一群非常奇特、非常古老的哺乳动物海牛（sea cow）。它们体色黑，皮肤厚，前肢像鳍，后肢已经消失，全身上下都奇怪无比。海牛的上唇分裂为二，上头长着鬃毛，两块上唇像镊子尖端一样我敲你，你敲我。这个器官能够夹取海草，而海牛会将海草连着大量海沙一起吞下。海牛有时会溯河而上，在那里以淡水水生植物（如睡莲）为食。它们口中有好多颗臼齿，能够把坚韧且含沙的食物磨碎，老臼齿磨损后就会有新牙替补。

海牛有个亲戚，是住在印度洋和澳大利亚海域的儒艮（*Dugong dugon*）。儒艮会以鳍状前肢将幼儿抱在胸前，这种景象是某些美人鱼传说的由来，但其实欧洲很早以前就有美人鱼的故事（当时欧洲人还未进入这些海域），因此这些传闻的始祖实在不可能是儒艮。儒艮专吃海草，但它的臼齿数量不多，而且很快就会掉光。这些臼齿不具有太多咀嚼功能，咀嚼的动作是由骨质板状的构造来代劳的[1]。

曾经，海牛目这个奇异而历史悠久的大族群还有第三组成员，即出没于白令海峡的大海牛。但这种生物因遭水手捕猎而灭绝，人类最后一次见到它是在一八五四年。它的身长可达六至九米，比现存亲族都要大得多，但它也不例外地以海草为食。它口中几乎没有牙齿，仅余上颌的两颗残迹，但它有非常强健的骨质板状构造，能将海草磨成碎屑。三种有血缘关系的生物，就有三种咀嚼海草的方式，这真是一件有趣的事啊！

---

[1] 实际上海牛只有臼齿，磨损后的牙齿会整列平行往前移动、脱落，并长出整列新牙。

第十章

四处迁徙的哺乳动物

在动物界，动物大群移动的现象分为数种，每种都可以被我们称为迁徙。"迁徙"一词原指从某地或某国到另一地、另一国，但后来却被用以指称某种特定的大群动物移动的现象。为了避免混淆，我们最好严守此词的严格定义，也就是动物夏季待在某地繁殖育儿，到了冬天又举族搬迁到另一地，不分少壮都在那里觅食、养精蓄锐，为来年返回繁殖地的漫长旅途，以及抵达繁殖地后的繁重工作做好准备。所以说，真正的"迁徙"与气候、食物来源及生儿育女（这点或许最重要）息息相关。鸟类的迁徙是以上定义的最佳展现，但其他许多生物其实也会每年有规律地迁徙。

会迁徙的海狗

北太平洋的海狗（furseals）[(1)]每年有将近三分之二的时间待在外海，雌海狗带着幼儿（包括未成年的雄海狗）组成集团，但个儿大的雄海狗则不与其群居、独自远走。它们追着鱼群跑，但其实它们更爱的是乌贼和鱿鱼，视其为无上珍馐。在远海，人们可以看见它们在海面上翻滚玩乐，像海豚一样，它们在这些时节从不靠近陆地。然而，只要春天降临，它们就会往繁殖地进发，"许多海狗每天都能游水三千多千米，在北太平洋上稳定前行。有时它们一连数

---

(1)　译注：海狗的血缘其实与海狮较近。本书成书时，这个知识还不为人所知，因此作者把海狗当作"会迁徙的海豹"，此处小节标题予以修正为"海狗"。

日在暴风雨肆虐的狂暴海上游泳，头顶上压着浓密的乌云，却能极其精准地通过阿留申群岛间某些通道，往一千五百多千米外、位于普利比洛夫群岛的繁殖地而去，那里的小岛上云雾缭绕。"

五月初，雄海狗陆续抵达群岛岸边，它们体积庞大、浑身肥油，体能正处于高峰，登陆后就各自在海滩上寻找一块数米见方的风水宝地，并随时准备为捍卫这块领土而战。越靠近海边的土地地段越好，通常都被最大、最壮的雄性海狗所占据。此时处处战火密布，没有一只雄海狗敢暂离领土不加防守，因此数周下来，它们不吃不喝，甚至连睡觉都不敢！

雌海狗个性温顺，身材只有其配偶的五分之一左右，约比雄性晚一个月抵岸，但它们一上岸就会遇到"暴民"。每只雄海狗都想多抢几个老婆，虽然它们的手段只有威胁利诱，不会动粗，但雄海狗彼此整天打来打去，让雌海狗也不得安宁。即使某一对已经结为夫妻，另一只雄海狗也可能随时跑来抢亲，叼着新娘后颈把她拽回自己的国土，而这位丢了太太的一家之主呢？只好再去哄劝另一只初来乍到的雌海狗跟随自己。海狗会在群岛上待至少四个月，过了最初数周后，雌海狗就开始有规律地下水捕食，一开始只在岸边，但随着喜爱的鱼类数量越来越少，它们也必须出海到越来越远的地方。小海狗也会成群下海嬉戏，学习如何游泳、抓鱼，而每位母亲都能从数百只小海狗中准确找出自己的小孩，其他小孩若想接近它，都会被它赶走。

秋日将近，这里的大群海狗开始逐渐散去。成年雄海狗最先离开，只有在告别陆地前的三四个礼拜，这些男子汉才可能吃点东西、小睡片刻。如今它们又瘦又没有力气，毫无当初登陆时的争强好胜气概。但只要回到外海，拥有充足的食物、无须彼此打斗，它们很快就能恢复风采。

流浪哺乳动物

现在，我们来看看那些与繁殖无直接关联，因此不符合严格"迁徙"定义的大群动物移动现象。这些现象或可称为周期性流浪，原因可能是气候变化或食物来源短缺，当然也有可能两者皆是，因为食物丰足与否常受季节影响。庞大的鲱鱼和鲭鱼群会在大海里四处巡游，后面尾随着爱吃它们的小型动物，而小型动物后面又有体形更大的鱼和其他动物跟着，想把它们当作晚餐。

英国插画家约翰·洛克伍德·吉卜林（John Lockwood Kipling）先生告诉我们，在印度，当神庙周围果园中的无花果成熟时，猴子大军就会自丛林而来享用果子。印度人认为猴子是神圣的动物，他们在这里种无花果就是为了供养猴子。但令人无奈的是，猴子并不知道只有无花果才是供品，它们会把沿途所有果园农田洗劫一空。至于在南美洲，人们也会说："当黄金橙子在农园幽暗叶丛中闪耀时，僧帽猴就会现身，分享园主的果实。"

在亚洲的干旱草原与高原上，野驴过着自由欢悦的生活，"长长的山脉是它的牧场，它在那里搜索一切绿色食物。"野驴过着小群生活，一只雄驴带着数只雌驴和几只幼驴。它们和家驴一样，对食物并不挑剔，对干燥或带有盐分的植物甘之如饴。然而，一旦冬天到来，连这类食物都难以为继，一群群野驴就会合起来成为一股大军，然后竟是向北方开拔！它们找的并不是温暖的气候，而是雪地。因为雪下埋藏着许多青草，它们能用蹄把积雪刨开，获取足以充饥的食物。最可怕的莫过于积雪表面稍融之后又结冻，形成一层厚厚的坚冰，这下野驴完全无计可施，其中许多甚至会因此而饿死。

在南非等一些南半球的国家，反倒是绵长的干旱季节对吃草动物来说是最大的考验。羚羊、瞪羚和各种草食族群会在此时成千上万地逃离这片干渴之地。

旅鼠

在欧洲、亚洲和北美洲的北部地带，无论何时都有数量繁多的旅鼠。它们分为数种，但除了北美洲的环颈旅鼠（只有它会在冬天变成白色），其他几种旅鼠非常相似，全部合起来讨论也无大碍。它们的外表神似多处常见的田鼠，但体形较大，身体看起来较矮胖，尾部较短，而且背部的毛极长。整体而言，它们的毛色偏褐色，但个体间的差异颇大。它们常待在栖息地的开阔处，平时住在有多个开口的地洞里。地洞也是它们的育儿场所。它们一胎可生下多达八只，且雌鼠每年夏天都能怀上不止一胎。

它们的活动力极强，惯于为觅食而日夜四处奔忙。许多啮齿动物必须躲进地洞过冬或冬眠，但旅鼠不须如此。可想而知，这种活动量一定需要大量的食物来提供能量。而且它们在丰年因求生无虞而更加恣意繁殖，很可能造成来年鼠口激增、粮食短缺。只要灾荒出现，旅鼠就会变得躁动不安，从山坡、冻原各处蜂拥而出，数百万只群聚在一起。很快，它们就依循本能向北展开逃荒之旅。起初它们还比较正常，一路上有东西就吃，任何农田，只要它们经过，连一片活草叶都不会留下。当它们来到溪河岸边，可能还会往上下游巡视一番，寻找安全的渡河处。但随着旅程变长，它们越来越感觉到恐慌，开始铤而走险。原本的前进队伍开始拼命往前方奔逃，如果遇到大河拦路，它们也会奋不顾身地跳下去想要游到对岸。在这些旅鼠中，只有一部分能安然过河，但大难不死的旅鼠继续前进时，只会变得更加狂乱。

整段旅程中都有猫头鹰、雀鹰、猞猁、狐狸、黄鼠狼等动物跟着旅鼠大军，把它们一只接一只吃掉。一位博物学家称这些动物为"送葬队"。疾病也会让旅鼠族群数量消减，体弱者跟不上队伍就只能自生自灭，此外还有许多旅鼠死于各种千奇百怪的原因。举例而言，一九二三年秋天，一个旅鼠群沿着挪威一条公路前进，大量成员遭汽车轧死。此外，也有很多旅鼠会在横渡峡湾时溺毙。

并非所有旅鼠都会如此悲惨地结束一生，其中一些成功活了下来，找到了适宜居住的新地点。某些脱队的旅鼠也能从疲惫中复原。只要再等几年，下一代旅鼠就会再次遍布整个北方平原。可能有数百万计的生物个体同时遭逢厄运，但大自然总会想办法让种族延续，这道理怕是再明显不过了。

第十一章

一些奇怪的哺乳动物

河马

河马是很稀奇的生物，只在非洲内陆丛林的那些河流中比较常见。它是《圣经·旧约》中的怪物"比蒙"（Behemoth）[1]，"神所造的物中为首"。

> 它的气力在腰间，
> 能力在肚腹的筋上。
> 它摇动尾巴如香柏树，
> 它大腿的筋互相联络。
> 它的骨头好像铜管，
> 它的肢体仿佛铁棍。

成年河马重达四吨，身长可达四米，是名副其实的巨人。它的身躯浑圆硕大，由四条又粗又短的腿来支撑。大脑袋上生着宽大的口鼻、粗厚的牙齿，这颗头如此沉重，有时人们可见河马将头支在地上休息，好似它那粗颈都无法承受头颅的重量。它的身上几乎没有毛，皮肤也比犀牛光滑许多。

河马以青草和水生植物为食，胃中能容纳近两百升食物。德国博物学家阿尔弗雷德·埃德蒙·布雷姆（Alfred Edmund Brehm）

---

[1] 译注：中文《圣经》译本中译作河马，此处为音译。以下引用的经文出自《约伯记》第四十章。

曾以以下文字描述河马的进食情况："那颗丑陋的头颅消失在深水中，在植物间挖掘几分钟，直到扬起的泥巴把水染成黑色。然后巨兽比蒙重新现身，把厚厚一大把植物 —— 对它而言不过是一口的分量 —— 放在水面上，慢慢享用。茎梗和须蔓从它的大嘴两侧长长垂落，绿色的植物汁液混杂着唾液，不断从肿胀的唇边溢出。它吐出嚼了一半的草球，又将其重新吞回口中。它毫无表情的双眼定定凝视着，一口巨牙彻底展露出最凶险的样貌。"

河马强壮无比，鼻子一推就能让船只翻覆，还能轻松把牛拽进水中。它在农业地区为害不浅，不但劫掠稻田，而且几只大脚乱踩之下毁掉的农作物比被它吃掉的还多。不过整体而言，它对人类怀有畏惧，毕竟面对枪口，它毫无自保能力。因此若在人类居住区域，它只敢在夜间出没，白天都躲在水里。河马的鼻孔位于鼻子顶上，它虽然一直将鼻孔露出水面，但也会利用水草加以掩饰，不让其他生物发现自己的踪迹。它在白昼里，除了呼吸之外一声不出，但入夜后就会又吼又叫又打呼噜。

那些栖息在人迹罕至处的河马，平时的生活不会受到打扰，夜行的习性也就不那么明显。它会在大白天堂而皇之地浮出水面，享受日光照耀。有时小河马（河马通常一胎只生一只）会被留在隐蔽处睡过白天，但河马妈妈也时常背着小河马四处游泳。它能潜水整整十分钟，但如果带着小河马，它就会更常浮出水面，因为小河马可无法憋气那么久。一旦遭遇危险，河马妈妈为了保护小河马，会表现出大无畏的勇气。

※　　※　　※

动物保护者亚瑟·布莱尼·帕西法（Arthur Blayney Parcival）曾描述，他在非洲某条河畔见到一道"泥岸"，近看却发现是上百只并排的河马的背部。这些河马完全没被他吓到，其中两三只还游向他，观察他在做什么。他还说过，自己所见过"最迷人也最滑稽的动物生活一景"，是一群河马聚在它们最爱的休息地里："它们三三两两零落而来，有老有少，到了之后就躺成一团，或者说是躺成一堆，因为它们彼此间好像有个不成文的规定，就是要拿彼此当垫子。它们躺在阳光下，像是死了一样，至少那些老河马看起来真的僵如死尸。年幼的河马静不下来，在长辈周围，甚至是身上走来踏去，也没人怪它们不安分。如果有个小家伙躺下，总会有另一只大个子跑来坐在它身上。很明显，河马家族的传统就是用小河马来当坐垫。大个子一屁股往倒霉的小河马身上压去，快被压扁的受害者发出一连串愤怒的尖叫（叫得我们都能感同身受），直到它扭啊扭地成功从大山之下脱身。过程中，那只大个子对身下小河马的惨叫与挣扎毫不在意。小河马逃离重压后，会先在附近晃来晃去，直到觉得舒服了，就又睡觉去了。"

有时，河中两只巨大的河马起了争执，岸边的河马群却完全视若无睹。双方开打后，会一边发出呼呼声一边互咬，搅起一江巨浪，附近那些睡着的同伴却动也不动、丝毫不受打扰，而这场战争最后也就戛然而止。

犀牛

犀牛素有坏名声，人们说它脾气暴躁且满怀恶意。它的确具有好奇心，但视力奇差，天生是个夜猫子，白天的时间大多用来睡觉。因此，如果被鲁莽的旅人不小心吵醒，它自然是要往前冲的。那些住在森林里的犀牛长着长而尖细的角，它们应当是比平原上的亲戚脾气更坏，因为后者希望"人不犯我我不犯人"，只在受到打扰时才狠狠反击。林栖犀牛的角较短，它们原本也生活在平原上，却因人类在开阔地上扩张势力而被迫迁入灌木林，后来又被逼入丛林。它在平原上原本以有刺灌木（或许还包括青草）为食，现在则以林中的树叶和细枝作为替代品。

犀牛一胎只生一只，小孩会待在母亲身边直到长大。曾有人见过一只犀牛母亲带着两个孩子，一个非常年幼，另一个则明显大一些。不过，通常来说，犀牛母亲会在生出下一个小孩前把前一个孩子赶出家门，让它自谋生计。

犀牛在白天睡觉时通常独自躺在平原孤树下、有刺灌木丛的遮蔽处，或在丛林深处林木最密的地方。若在多石地带，它常挑选高耸的岩架栖身。别看它身躯笨重、四肢粗短，说到攀岩，它可不比山羊逊色。它会伸直身子侧躺，像头大猪一样连续数个小时一动不动，听任犀牛鸟翻弄它那粗厚的皮肤觅食。若在丛林里，它通常会找个远离水滨的高地作为卧铺。

时当下午四点，空气中热度稍减，犀牛这才起床，依循每日惯例前往它最爱的饮水处。一路上，它不时分心吃食，从一丛灌木闲晃到另一丛灌木，但还是能在傍晚之前到达水边，如果发觉时间太晚，它就会放弃食物小步跑去水滨。瞧它的四条短腿，跑起来可快着呢！所谓的"犀牛径"就是通往水源处的道路，约有半米宽，因犀牛长年来回走动而被踏得平整。若它穿越灌丛，这条路就会变成隧道，高度刚好是这头犀牛的身高。探险家最好别想把犀牛径当成安全通过森林的捷径，更别提在路上扎营了，须知犀牛对老路径可是忠贞不贰，同一条路可以用上好长时间。

数头犀牛在饮水处会合，各自解渴之后就开始打打闹闹，活像一群特大号的猪，幽暗的林间回荡着它们的叫声与吼声。玩累了之后，它们就回到水里打滚，或就近找棵树来摩擦它们满是皱褶的皮肤。除了每天往饮水处的远足行程，犀牛一年中的大部分时间都不出远门，只在干旱时节来临时展开周期性的迁移。当一头犀牛发现自己最爱的水源干涸时，就会出发去寻找更深的水潭。它的"水感"很灵，我们也确知它们会以前肢挖井取水，把挖出来的泥沙拨到后腿之间。其他动物也会利用这些犀牛井，甚至还会帮忙挖深，但它们没几个能像犀牛那样自行造井。

㺢㹢狓

中非热带雨林里住着一种稀有且少有人知的动物㺢㹢狓（*Okapia johnstoni*）。很久以前，谣传有种奇特而害羞的生物在森林中漫步，有人说是羚羊，也有人说它像斑马一样有条纹，但直到一九〇〇年，㺢㹢狓才由英国探险家哈利·汉密尔顿·约翰斯顿（Harry Hamilton Johnston）爵士正式引介给科学界。直到现在，英国还未有人成功带回一只活的㺢㹢狓。比利时的安特卫普动物园曾养过一只，但也只存活短暂时日。除了少数胆大的探险家，能真正熟识㺢㹢狓的大概只有热带森林中的侏儒土著俾格米人，这些目光锐利、动作轻捷的矮个子可是专业的追迹者，但是就连他们都觉得㺢㹢狓警觉心太强，只有在地上挖洞、设陷阱才是最佳的捕捉方法。

㺢㹢狓是长颈鹿的亲戚[1]，但它背部的线条与长颈鹿差别颇大，肩膀只比臀部高出一点。它的脖子并不是很长，但头部长得像长颈鹿，上面有双大而薄、像贝壳一样的耳朵。它的身体是深巧克力色或带紫的红色（和许多森林动物类似），但下半身有白色条纹，脸部和腿部也有将深色区域切割成许多块的白色区块。成年雄性㺢㹢狓头上有角，形状与生长状况都与其近亲长颈鹿类似。这对角会在它

---

(1) 此两种动物皆属长颈鹿科。

成年数年后成为固着在头骨上的组织，此时已有五到七厘米长。长颈鹿的角完全被皮肤覆盖，但貛狐狓的角尖端赤裸，露出内部骨骼。此外，它的角全由骨骼构成，不像水牛角表面覆有角质。雌性貛狐狓无角，但体形比雄性大，这在有蹄动物中十分罕见。一只大型雌性貛狐狓，从蹄到肩部最高处可高达一点五米，从鼻尖到尾巴末端的长度超过两米。

貛狐狓的蹄印不像驴，比较像水牛或大林猪的蹄印，蹄部分作两趾，但其间的空隙极小，即使在软土上也不容易印出痕迹。我们对它的认识大多靠足印而来，追迹者凭着这些印迹就能说出它们何时独自晃荡、何时与伴侣同行。一对貛狐狓会连续好几周在林中某片区域（可能延伸好几米）游荡，大部分时间各自活动，但彼此会保持联系，时不时碰个面，这些都是它们的足印透露出的讯息。如果生了小孩，这对夫妻就会更常会面，甚至带着孩子一起散步。

※　　　※　　　※

貛狐狓讨厌沼泽，对泥地与软土也避之唯恐不及，无论何时都尽可能踩在树叶上。它也不喜欢枝叶繁密的丛林，因为它没有水牛那种凭蛮力开出一条路的本事。它的首选是排水良好的垄地，或是溪河畔的高地。它在夜间与清晨的活动范围很大，但白天就仅出没在沉郁、寂静的林间小径中，这些地方生长着高树，林冠浓密，因此长在下层的植物十分稀疏，且株株都得奋力拔高。进食的时候，貛狐狓会找个位于大树底下、能清楚听到周围声音的地方，避开可能有敌人埋伏的灌木丛。由于头顶的林冠紧密联结在一起，在底下也可以清楚听到从远处传来的声音，树叶的窸窣声或树枝折断的声音都是天然的警报，警告貛狐狓有东西正在靠近。不过，在森林的静谧深处，"林中幽灵"喜欢漫步的所在，少有其他生物会去惊扰它们。它们并不害怕犀鸟的啼声或黑猩猩的叫声，但有时会因一只大象横冲直撞经过或大林猪在暗影中打呼噜而吓一大跳。

当㺍㹢狓拔足奔逃时，它会将脖子往前伸，甚至可能像长颈鹿一样把脖子垂下来。但若它伫立倾听周遭时，就会把颈部抬得很高。它的听力非常敏锐，嗅觉也很精准。它身上细碎的花纹能让它在丛林细碎摇曳的光影中隐身，因此非常难以跟踪。它在受惊时会突然喷出鼻息，像长颈鹿般发出哼的一声（这是它唯一会发出的声音），然后转身逃命。它主要在傍晚和清晨进食，以树林下层的中幼树叶子为餐。它从不吃草，而且我们在前面已经说过，它最喜爱的栖息之处的地面是不长草的。它的舌头长而多肌肉，非常适于从枝头卷下树叶。从㺍㹢狓的进食姿态最能看出它与长颈鹿的亲戚关系：它会将全身拉长拉高，将脖子伸长，将舌头卷在绿叶之间。

紫羚

暗褐色底、白色纹路，听起来是颇显眼的配色，但事实上，这种配色能有效让动物消失在敌人的视野中。㺍㹢狓就用了这一招，而非洲丛林里另一种生物紫羚（bongo）也以同样的方式自保。紫羚是羚羊一族中的英俊小生，深栗色的皮毛上带着白线，是保护色的极佳范例。这些白线能把它们身体的轮廓切割开来，因此能与丛林背景（紫羚的自然栖息地）融为一体。当艳阳高照，林中充满光与暗的对比时，紫羚的隐身效果更是绝佳。老虎身上的粗大线条也是相同的原理，能让它在自己特殊的栖息地中达到隐身之效。若是住在沙漠里的动物，就需要一身颜色单调沉闷的皮毛来消影匿踪，但若在丛林里，细碎的线条与色调对比才是保命的诀窍。

丛林是紫羚的家，但它也会到竹林或沼泽地中远足。它跟㺢狓不一样，对软泥地情有独钟，整天待在沼泽里乐不思蜀。它的警觉心很强，但有个会害自己送命的习性，那就是它总会一再回到自己最爱的那块泥沼地，且永远都走同一条路。这让当地的土著很容易找好地方设置陷阱。紫羚力大无比，会在树上打磨头顶的一对巨角，直到它们闪闪发亮。若在树林中穿行时遇到障碍，㺢狓总会选择跃过而非绕过，但紫羚却对跳跃一事不感兴趣，宁可趴着钻过去，也不愿轻盈一跳越过灌木丛或横倒的大树。丛林里小个子的非洲野水牛也是如此，或许是因为在树木最茂密的地方地面太过不平整，还有无数藤蔓与匍匐植物缠绕，使得跳跃变得艰难吧。

穿盔甲的哺乳动物

说到披盔带甲的哺乳动物，犰狳必须得坐第一把交椅。它们天生拥有一副骨质肩甲和裙甲，两者之间还有数条骨质环带，当它们把头尾往里缩、全身蜷成一颗打不开的球时，这些环带也能顺畅交叠移动。在哺乳动物中，只有犰狳和其亲戚在体外长有骨骼。它们身上的盔甲可谓大师之作，不仅坚固无比，还能自由卷曲。犰狳与树懒属于同一目[1]，但当慢吞吞的树懒在枝叶间寻求庇护时，犰狳却留在地面，靠着甲胄与快速挖洞的能力求生。它们的趾爪非常强壮，掘起地来仿佛整只动物瞬间下沉，只露出覆满骨甲的背部，这下可就让敌人无处下手了！不久之前，人们发现了一只大型犰狳，它除了身披铠甲，还是个赛跑高手，且咬人的力量也十分惊人。

人们常说"好东西永远不嫌多"，但或许拉丁文格言"Nequid

---

(1)　译注：过去犰狳与树懒同属贫齿目，但现在犰狳属于贫齿目，树懒属于披毛目。

nimis"——意为"凡事勿过度"——才是真正的智慧之言。在动物族群中，我们有时会见到一些把某样东西搞到极端的例子，比如犰狳已经灭绝的亲戚南美洲雕齿兽，它身上的盔甲足有两厘米厚，其大小和重量已远超自保所需。可悲的是，这世上的人与国家不也正和这种生物的情况一样？

在我们结束犰狳铠甲的故事前，或许可以顺带说说两件不相关的事。第一件事与达尔文有关，他在著名的"小猎犬号之旅"途中，在南美洲发现了许多（现存的与只剩化石的）犰狳和犰狳的近亲，对它们身上的骨甲非常感兴趣。引他深思之处如下：南美洲有大量贫齿目动物化石，同时南美洲也是世界上现存贫齿目动物的大本营。当时达尔文想必如此低声自语："这绝非巧合，这么多已经灭绝的犰狳、食蚁兽和树懒，里面一定包括现在这一带那些常见物种的祖先。"这个观念现在已为所有博物学家认同，但当初可是靠着达尔文才奠定了该学说的稳固地位。第二件事很简单，就是当地人会用犰狳的骨甲做出很好用的篮子。他们将尸体清除，将背甲倒过来，然后用把手把头部和尾巴的残根串起来。要去市场可没有比这更好的装备了。除了腹部，犰狳的每寸皮肤上都生满了骨甲，连尾巴上都布满了一串串紧密相连的骨质环，每个都能变成既耐用又美观的餐巾环。

穿山甲是犰狳的亲戚，住在非洲和远东地区，身上长着极其坚硬的鳞甲。这些鳞甲由坚硬如石的角质形成，像屋瓦一般交叠，布满穿山甲全身，而且它们彼此之间没有连接的固定部分，能够自由移动。即使知道它的真实身份，但看着这只奇怪又古老的哺乳动物，我们还是忍不住要说："好一只爬虫类动物！"或许它的鳞甲确实传承自亿万年前的爬虫类祖先，因为我们可以确信哺乳类是由某支已经绝种的爬虫动物演化而成的；又或者，更恰当的说法：哺乳动物尚未完全丧失爬虫类长出鳞片的能力，因为我们在大鼠和河狸的尾部也会发现鳞片。此外，远东地区穿山甲的鳞片之间有毛，非洲地区的穿山甲在幼年时身上也长毛。附带一提，有种有趣的海豚皮肤上镶嵌着鳞片，某些已绝种的鲸类也有类似的特征。

如果皮肤足够粗厚，也能起到类似甲胄的作用，这在犀牛和大象身上就体现得非常明显！

第十二章

哺乳动物的本能与智能

我们熟知的许多哺乳动物都有与生俱来的智巧，不需要经过学习就能做出聪明的行为。这种智巧被称为本能，与"智能"不可相提并论。这种能力在蚂蚁和蜜蜂身上得到了充分的彰显，它们能在毫无经验的情况下完成艰难的任务，但似乎自己都搞不清楚自己在做什么。不过，哺乳动物和鸟类似乎具有某种程度上的智能，能对本能加以指导，因此一旦过程中出了差错，它们还能对状况有所理解，并思索解决方法。这种能力在蚂蚁和蜜蜂这类生物身上极其稀有。

　　在哺乳动物的生活里，哪些可算是本能反应呢？例如：河狸用凿状的牙齿将树基啃咬一圈，只留下细细的树心，风一吹就会折断；松鼠储存坚果、鼹鼠抓来大批蚯蚓并把每只的头都咬掉，以备过冬之用；巢鼠在玉米茎间筑起精密的窝巢；至于野兔母亲，在出门时会从洞口跃出一大步，回来时也是从远方一跃而入，这样它留下的气味痕迹就不会连到窝中，敌人也因此无从得知它的育儿之处。

哺乳动物的学习能力

　　英国的埃夫伯里男爵[1]有只名叫"阿凡"的狗，经由训练，它能

（1）　埃夫伯里男爵（1st Baron Avebury，1834—1891）：英国自由党政治家、银行家、慈善家与科学家，"新石器时代"（Neolithic）与"旧石器时代"（Paleolithic）两词就是由他所创的。

懂得特定的印刷卡片与某些好事情有关。当它想出门散步时，真的会从卡片盒里挑出印有"出门"的卡片给主人呢！若是肚子饿了或嘴馋了，它还会从卡片盒中挑出写着"下午茶"的卡片。不过，我们不应将这类行为解释得太高级，这只狗仅是学会了辨认某些黑色图纹，并将这些图纹与某些它喜欢的事情（如散步或吃饭）联系在了一起。

某些犬只能精准无误地辨别特定哨声的含义，其他的则知道某种特殊的汽车喇叭声与主人回家一事有关。我曾听说有只会答话的长毛猎犬，若问它的名字，它就会说"唐"，若问它哪里不舒服，它就会说"饿"，再问它想要什么，它就会说"蛋糕"。看到这只狗竟能如此口舌伶俐地回答，访客都不由得啧啧称奇。然而，某天一位科学家来拜访，一开口就问这条狗哪里不舒服，结果它却回答"唐"。原来狗主人总会按照相同的顺序进行这串问答，而狗要学的只是发出类似"唐"的声音来回答第一个问题，然后发出"饿"的声音来回答第二个问题。在它脑中的确已建立起某种联结，但这种联结仅止于依据问题顺序给出特定的回答而已。

许多例子显示，狗能区分特定字词的发音，并将它们与自己能做的某些行为联系在一起。此事在自然史中非常重要，野外的许多生物幼时必须花费大量的时间，学着将树林中的某些声响与自己的特定行为联系起来。

美国心理学家约翰·布罗德斯·华生（John Broadus Watson）曾对一只名为"贾斯珀"的牛头犬详加研究，狗主人迪克西·泰勒（Dixie Taylor）会躲在屏幕后面低声说："贾斯珀，去隔壁房间，把地板上的报纸拿给我。"贾斯珀就会立刻照办，只有在房间地上连续摆着好几样物品时它才会出错，带着错误的东西回来（如带着拖鞋而非报纸）。在大街上，泰勒先生会对贾斯珀说："到我后面去，把你的脚放在自行车上。"就算该自行车离泰勒先生有十五米远，贾斯珀也会马上小步跑过去，准确执行该指令。如果修改指令，要它把脚放在距离自己三十米远的汽车上，它也能做得分毫不差。这只狗受过训练，能辨认出特定字词或字符串的发音，知道自己一旦听到这些信号，就必须做出特定的行为来回应。

我们并不能解释狗明星表演的所有奇妙花招的原理，但其中绝大部分不可思议的行为都能被"联结""联想"和"条件反射"这几个词涵盖。训练过程使它学会：当它看见或听见特定信号时，就必须做出特定动作。

许多哺乳动物都能很快学会东西，而观众对它们背后所受的密集训练却并不知情，常在惊叹之余高估了它们的能力。这些表演固然令人惊奇，但所需的智能或许不如我们想象中那么多。英国曼彻斯特的贝尔维乐园[1]里有只大象，它会从慷慨的游客手中接过一便士硬币投入贩卖机来获取饼干，如果游客给它的是半便士硬币，它会不悦地将硬币抛还给游客。人们都说："它好聪明啊！"但这场表演中的每个环节都是精密训练的成果，训练师会极有耐心地引导它将鼻子伸向贩卖机，且它需要两到三个月的时间才能学会区分"能用的一便士硬币"与"无用的半便士硬币"。这的确需要一点智能，但并不像表面上看起来那么厉害。某些哺乳动物实际上比外表看起来聪明得多，例如猪，但也有许多华而不实。

很多哺乳动物都展现出高超的学习能力，它们能很快学会如何穿过迷宫抵达中心——老鼠就是一个例子。受试动物先被安排在迷宫中心室内进食，等习惯之后，它们就要学着自己找路进去。毫无疑问，它们的食欲越强，学习效果就越好。一天又一天，它们在路程中犯的错越来越少，它们会逐渐学会将无用的动作去掉。最后，某些动物能达到毫无失误、毫不绕路、一路直达迷宫中心的效果。

---

(1) 贝尔维乐园（Belle Vue Gardens）包括动物园、游乐园、展览馆和摩托车赛车场，一八三六年开幕，现已不再营业。

有种特别的家鼠"日本舞鼠"（Japanese dancing mouse）[1]以会毫无原因地不停转圈而著称，它是许多有趣实验的主角。它在体格上有某种缺陷，但详情我们尚不知晓。这种动物无法在野外存活，但在人类的照顾之下倒能族群兴旺。我们目前对它的兴趣，在于它能很快学会某些东西。美国动物行为学家罗伯特·默恩斯·耶基斯[2]教授把这种老鼠当作教学研究的对象，其中一门课是要它们凭借不同照明与不同颜色来辨别两条通道，如果老鼠走了 A 通道，就能直达巢穴，如果选了 B 通道，就要受到轻微电击的处罚，并且必须绕远路才能回家。假以时日，这些老鼠都知道直接进入 A 通道就对了，再也不会出错。

补充说明两点。第一，实验中采取了预防措施，防止老鼠借由先前遗留的气味痕迹找路；第二，A 通道有时位于右侧，有时位于左侧，这样老鼠就无从以左右位置来判断。这个实验清楚证明了，哺乳动物能在短时间内学会区辨光暗与颜色的细微差别。这种学习能力对野外生活极有助益，某些聪颖的哺乳动物（如狐狸）对周遭环境的细微改变十分敏感，例如陌生的声音或气味、原本没有的影子或动静。这些迹象都必须警戒以对，而这就是我们所谓的"警觉心"的基础。

智能行为

写到这里，我们已经很清楚地看到某些哺乳动物具备天赋智巧

---

[1]　科学论文大多称其为 Japanese waltzing mice，直译为"日本华尔兹小鼠"。据推测，它是欧洲小家鼠（*Mus musculus domesticus*）与日本小鼠（*Mus musculus molossinus*）的混种。

[2]　罗伯特·默恩斯·耶基斯（Robert Mearns Yerkes，1876—1956）：美国心理学家、动物行为学家与灵长类专家，在智力测验与比较心理学两个领域有长足贡献，是研究灵长类智能的先驱。

（本能），也举出几个例子，阐释它们如何将特定的视觉信号或声音与自己的特定行为联系在一起。不过，最值得问的问题其实是：哺乳动物会思考吗？它们会借由智能从经验中受益吗？它们能从个别经验推论出普遍原则，让人们承认它们明白自己所作所为的意义吗？

当我们观赏柯利牧羊犬在牧羊大赛中的表现时，可以看到它们面对诸多挑战，例如驱赶羊只穿过崎岖通道回归羊群，或将混在一起的两群羊区分开，此时我们总是倾向于给予它们的智能极高的评价，因为这些狗的举动似乎表示它们"理解"人类交付的任务。同样，那些参与马球比赛的小型马，也让人觉得它们好像对事物有种智能性的关心。

吉卜林写过一个故事，说一只聪明的小马下场参赛，以奇智帮助主人取胜。相信马球场上的许多看客都会觉得这个情节很真实。此外，我们常看到马匹在火车站附近执行列车换轨工作[1]，此情此景带给人们的感想通常是：就算它的行为并非基于智能，也与真正的智能行为高度相仿。印度森林中担任伐木工助手的大象也给人同样的印象。以上所讨论的这些哺乳动物——狗、马、大象——都拥有高度发达的大脑，在评价它们时，我们不必太过吝啬。但必须注意，它们所扮演的角色只是助手，与人类合作完成工作，这样的环境必对它们的智能有所激发。若不谈这种与人类高度互动的例子，还有没有其他的事可说呢？

※　　　※　　　※

在爱丁堡美丽的动物园中，某些大型哺乳动物以老采石场为家，

---

(1) 将马匹身上的链条套在火车车厢边，令其将车厢拖至预先用手动转辙器转换好的道岔上，让车厢换至另一条轨道。现在的火车换轨过程已全面实现自动化。

这样一来，访客的视野就不会受铁栅栏阻拦，能清楚看见它们在奇特的岩石背景前活动。某一天，我们看到一只北极熊坐在一座向水中突出的岬角上，好心的游客向它丢掷面包，但许多面包因丢得不够远而落入水中、浮在水面上。下水去拿面包对这头熊来说易如反掌，但它完全不做此想，反而做出令人诧异的行为。我们看见它来到岬角边缘，用大大的熊掌舀水，形成水流。这头熊不断以娴熟的技术舀水，面包也就随水流流到它身边，这时它再轻松捞起。我们自然不应以单独的事例做出任何广泛的结论，但这头熊的作为的确有可能归入"智能行为"。在某种程度上，它确实掌握了事物背后的法则，懂得以旧的手段达成新的目标。

此外，曾经还有一条狗衔着一个装满鸡蛋的篮子往前走，中间遇到了梯子，于是它将篮子从下方推过去，往回跑个几步，跃过梯子，再把篮子拉过障碍物，然后继续前行。还有一条怕水的狗为了追上已过河的主人，竟知道要登船才能渡河，而它在这之前从未接触过船只。在一场惨烈的洪灾中，原居河畔草原的数只母马将幼儿驱赶到山顶上，并将它们围在中心。这些行为例子都应赋予"智能"之名，当之无愧。

不过，我们必须回顾柯勒教授的黑猩猩研究 [《人猿的智慧》(*The Mentality of Apes*)，一九二五年]，因为该研究以极其严谨、精密的观察记录为基础，且这些动物在西班牙特内里费岛上的饲养环境优良。该研究结果显示，博物学家在此之前低估了这些猿类的智能。

较高等的生物见到自己想要的东西（如食物），会以最直接的方式来取。若直接的途径受到栅栏或其他障碍物的阻挡，它就会试图寻求另一条路，我们此时便以它尝试新途径的方法与次数来评估它的智能。柯勒的黑猩猩能迅速估量任何情境，如以下实验所示：实验者先将一个沉重的篮子挂在铁丝网屋顶上黑猩猩够不着的高度，然后将篮子一推，让篮子不断摇晃，当篮子晃到一端最高点时，从旁边一座架子上伸手就能拿到篮子。柯勒教授写道："新途径显而易见，且容易达成，但必须把握时机。"实验者让篮子摆动后，同时放入三只黑猩猩：奇卡（Chica）、格兰德（Grande）、特希拉（Tercera）。格兰德直接从地面往上跳，结果失败；奇卡则迅速评估整个状况，手脚并用爬上架子，伸出双臂等着篮子荡过来，最后成功得手。

进行第二次实验时，格兰德也找到了正确的方法。实验结果证明，每只黑猩猩都能靠自己解开这类难题，这让人觉得：它们应当是拥有些许判断力的吧？

如果远方的物体连着绳子，这条绳子伸入黑猩猩的笼子里，黑猩猩就会通过拉绳子取得该物，但如果绳子末端与该物体并不相连，除非黑猩猩对绳子本身有兴趣，否则就不会去拉它。任何物体都能用棍子勾进笼里，香蕉原本在够不着的地方，但可以借由抓住一条悬垂绳索用力荡，让自己抓到香蕉。如果将箱子搬到适当的地点站上去，也可以拿到绑在屋顶上的水果，有时棍子还能用来补箱子高度之不足。

柯勒教授的黑猩猩学校位于特内里费岛，这些黑猩猩学生在此搞出了不少新发明，例如先爬到一根竿子顶端，然后在竿子倾倒前迅速跳下的"撑竿跳"，以及能撬开箱子与门闩的撬杆；它们还发明了掘地的铲子和用来打斗的棍棒。这些黑猩猩完全没有受过任何训练，研究人员只是给它们提供了机会，让它们自行找出善用工具的方式。它们会玩的其中一种游戏是：拿着一块自己不爱吃的面包，伸手入栅栏喂母鸡，在母鸡正要啄下时迅速把面包抽走，或是任母鸡啄食面包，但同时另一只手执棍子或铁丝用力戳母鸡。虽然有过几次"两只黑猩猩拿面包喂了鸡，然后聚精会神观看鸡享用大餐"的情况，但这只是玩乐的一部分，绝非什么"利他主义"的表现。

当某只黑猩猩想用棍子去够香蕉，却发现棍子太短时，有时它会再找一根更短的棍子来，用长棍把短棍往前推，这样做虽能让短棍碰到香蕉，却不可能把香蕉拿回来，不过光是这些行为本身就很有意思。不久之后，研究人员给了它两根竹竿，其中一只较短也较细，它就会将细竹竿插入粗竹竿内，变成一根前细后粗的更长的竹竿，以此顺利够到香蕉。它在实验开始当天就达到如此成就，或许机运也帮了它一把，如同人类偶尔也会因此受益，但这只黑猩猩绝对是个懂得利用机运的家伙！

此外，黑猩猩还会爬到彼此肩膀上叠罗汉或登上箱顶，以取得缚在屋顶上的美食。在某一次实验中，当黑猩猩把箱子拉到正确地点，却发现自己站上去仍然不够高时，便一脸火大地跳回地面，抓起一个较小的箱子，在房内又吼又踢到处跑。"它之所以拿第二个箱子，绝对不是为了叠在第一个箱子上面，只是为了找东西出气。"柯勒教授如此写道。不过突然间，它的行为改变了，它不再出声，而是将第二个箱子拖到第一个箱子旁，举起来叠了上去。在某些情况下，黑猩猩甚至会造出摇摇晃晃的四层高塔，展现出它们从现象推测原理并加以应用的能力。

柯勒教授的著作极富价值，书中有大量极富趣味的观察记录，以上只是少数几个例子。这些记录虽证明黑猩猩所具智能不可小觑，但我们也应注意，许多例子明显显示出它们的智能是有限的。黑猩猩能借由视觉来掌握整体情况，以此为基础开动脑筋，但它们也会因某些视觉上的复杂情况困扰不已，而这些情况对人类小孩来说根本不成问题。它们似乎受到自身眼睛微弱的成像能力以及语言能力的限制，但它们仍是奇妙的生物，绝非让人类羞于启齿的鄙陋亲戚。

　　　　　　※　　　※　　　※

　　猿猴与人类相似，某些人却因此对它们深感厌恶，拒绝给它们一个公道，也不愿花心思去搞清楚达尔文关于人类家世的学说。首先我们必须知道，猴与猿共同组成哺乳动物下的一大类"灵长目"，但彼此差异极大，普通猴子与类人猿间相隔不知几千里。不过，尽管类人猿最像人类，我们也不认为任何现存猿类是人类的始祖，此事无须怀疑。达尔文要说的是，古昔曾有一支族群是人类与类人猿的共同祖先，从中逐渐分出最原始的似人的分支。这一极其重要的分水岭发生在至少一百万年以前，真正的"人类"便由此而来。

　　此后，类人猿继续过着树栖生活，未有太大的进步，而分化出来的人类远祖则在地面上不断演化，变得越来越独特。

　　无论人类先祖的身份是什么，都不会减少我们身为"人"的尊严。

第十三章

大象的故事

在今日的生命世界中，上天下地竟无一物与大象相似。的确，从它体格上的多处特征，我们知道它与别的有蹄动物沾亲带故，在非常古老的时代里必定有个共同的祖先。但从其他许多方面来看，大象真是举世无双。它那庞大的体积、柱子般直立的四肢、短脖子、位置与躯干几乎呈水平的硕大头颅，以及最重要的，那根既有弹性又敏感的神奇鼻子。这些特征组成了一个令人啧啧称奇的整体，它看起来好似古老过往的残存遗迹，而它实际的身份也正是如此，在现代世界中显得不合时宜。

大象现在仅存于亚洲大陆较炎热的地区（印度、斯里兰卡、苏门答腊和其他几个岛屿）和非洲中部的荒野。然而，距今数百万年，早在人类存在于地球之前，北半球大部分地表，甚至包括北极圈内，都有类似大象的动物昂首阔步。

我们能从找到的大量化石遗骸中得知此事，同时也察觉到，长久以来，曾有不同形态的"类大象生物"接续出现，长鼻一族的演化新路由最初的先驱者踏出第一步，从此便与一般的有蹄动物分道扬镳。"就我们目前所知，这些化石显示最古老的象族先人是住在非洲沼泽地里的小型动物，它们仰赖多肉植物维生。后来它们的身躯逐渐变大，但过程中四肢与躯干却没有多大变化。不过，随着腿渐渐变长、脖子渐渐变短，它们的脸部与下巴也慢慢伸长，这样才能近距离观察地面。"此时它们的象牙长在下颌，用途很明显是翻掘土地。在此状况下，象的脖子必须极其强壮（就像现代大象一样），但也因此变得太短而使头部无法触及地面取食。初步的解决之道有几个，其中之一是将脸的下半部分拉长，但大自然却花了些时间想出了一个更妙的办法。

于是，下巴萎缩了，象牙改从上颌长出，原本长在下颌的牙齿则逐渐消失，最后变成只有幼象才具备的特征。它们的鼻子越拉越长，直到成为现在所见的巨大象鼻。由于软组织极少能以化石形态保存，我们只能从大象颅骨形状的变迁去推测象鼻形状变化所经历的阶段。

"据他们说，长在下颌的象牙必定需要两百万年才能退化到今天的程度。"而经历斗转星移后，与今日大象形貌相仿的象族生物终于出现，其中大部分都与现在的大象一样高大，甚至还有更大的。但同时，我们也在马耳他岛与塞浦路斯岛上发现了一支有趣的"矮象"种族的遗骸，许多象的体形仅有绵羊大小。据我们所知，这些矮象应当是某些古老高大象族的子孙，它们因地壳变动而与大陆隔绝，在活动空间与食物均十分有限的情况下，体形也越变越小。众所周知，这是居住在岛屿上的生物（如雪特兰小型马）常见的发展趋势。

各种史前大象里，我们最熟悉的就是猛犸象，毕竟它是在人类出现之后许久才灭绝的，这点前面已有提到。人们不仅在原始人的墓穴中发现了猛犸象遗骸，还在洞穴壁画里找到了它们的形象，更有留存下来的、刻有猛犸象模样的猛犸象象牙文物。猛犸象的大小、体格都与亚洲象类似，但身上披满了红色短毛，短毛之间散布着黑色长毛。英格兰、欧洲北部、北美洲以及北冰洋最偏远的岛屿上，遍布着猛犸象的骨骼与牙齿遗骸。确实，"越往北行，它们的数量就越多"，骨牙成堆出现，且猛犸象那对弯弯的巨牙质量甚佳，足以支撑两百年来的化石猛犸象牙贸易。

除了多如繁星的骸骨，人们还在地底深处找到了数只完整的猛犸象遗骸，它们仍呈直立状，好似当初是整头象活生生陷入沼泽，或被突如其来的泥石流掩埋。千万年来，该地的冰层将这些动物的尸身保存下来，它们的肌肉、皮肤、毛发竟都完好无缺，其中一两头猛犸象的胃里甚至还有新鲜的青草与松枝，而这些，就是它们生前的最后一餐。

猛犸象早已灭绝，但与它们同时存在的大象则存活至今。在这么长的岁月里，大象如何能确保自己生存下来？如果我们到它的原生栖息地多看几眼，至少能找到一部分答案。

大象的奇特之处

大象有两种，一种是亚洲象（印度象），另一种是非洲象。亚洲象体形较小，但成年雄象直立时，肩部距离地面也有三米左右。一层厚实、多皱的皮肤覆盖着它的伟岸身躯，上有稀疏零落的毛发。它皮肤上的皱褶缝隙能让许多昆虫觅食、藏身，于是人们也常可见食虫的鸟儿在大象背上大快朵颐。这些鸟在大象身上颇为自在，大象也乐意放任它们，换得除虫服务后的舒适感。

如前所述，大象的颈部虽强壮但也极短，因此它的头能够活动的范围非常有限。为了抬动沉重的象牙，大象的头部也必须壮硕有力，而且面积得够大，才有空间安上操作象鼻所需的大块肌肉。大象常会使用鼻部之上瘦骨嶙峋的额头来推倒东西，或像破城槌一样冲撞目标，自己却不会因此受伤，原因就在于它厚实的外层额骨之下还有约三十厘米厚的巨大空腔，整个空腔内部充满了由纤薄骨板分隔、彼此交织的气室。大象的鼻骨和颌骨里也有类似的气室构造，这些气室相互连通，并与鼻孔相连，能让空气彻底进入内部。也正因为如此，大象的大头并不像看起来那么沉重，且绝非它的要害之处。若是一颗子弹射入大象的额头，只会卡在气室迷宫中，无法伤及脑部，因此几乎不会对它们造成实质伤害。它的大脑比任何已知生物——现存的或已灭绝的——都要庞大，就连鲸类的大脑与之相比也略逊一筹。

※　　　※　　　※

幼象有两颗乳门齿，但它在年纪尚小时就会换牙，乳门齿被正式的"象牙"取代。这两根象牙会一直生长，雄象的象牙可长到惊人大小，雌象象牙则较短，也没有那么弯。象牙由具有弹性的精致牙质构成，尖端有一点点珐琅质，但很快就会被磨掉。牙质就是商业上价值极高的象牙。大象能用长牙做不少事：挖掘植物、刺穿或压制敌人、辅助象鼻抬举重物等，但同时大象也知道保护，不会轻易让象牙折断。

不过说到底，那根长鼻才是大象真正的与众不同之处。这个精妙的器官是由鼻子延展而成的，还包含上唇的一部分，是个直而长、中间被分隔为二的管状物，由一圈圈环状肌肉组成，因此非常灵活有弹性。它们的鼻子上布满了神经，因此非常敏感，鼻端上部有个手指状的突出物，"能与盲人受过训练的灵活手指相媲美"。象鼻能够全面取代双手手臂以及上嘴唇的功用，它能拔起大象爱吃的多汁植物，将其送入口中，也能折下一大根树枝，然后把上面的树皮与叶子剥净，或是将其修整成一把扇子，驱赶在白昼里扰人不已的蚊蚋。此外，大象还会用象鼻喝水——它先用鼻腔吸满水，然后长鼻一弯，将水喷入口中。

象腿的上半部分很长，膝盖位置偏低。脚骨短粗，前后脚都有五趾，但这些脚趾均被肌肉纤维与肌腱团团包围着，无法单独活动，而且从象脚的外表上实在看不出足趾存在，只看得到"蹄尖"，也就是围绕脚趾尖端的月牙形趾甲。它的大脚"看起来好似特大号的铺路用捣槌，底面是完整的一大块，又宽又平"，能够让大象走起路来悄然无声，同时，象脚也是它另一样悚人的武器。

亚洲象的故乡包括喜马拉雅山脉脚下的广阔丛林，以及印度全境、马来半岛和某些较大的岛屿。它们通常以二十到四十只的大家族为单位生活，有时也会有数个家族在某段时间内聚在一起。家族首领为一只年长的长牙象，它会得到其他成员无条件的服从。行进时，雌象与幼象走在前面，雄象殿后压阵。很多成年雄象都过着独居生活，只在繁殖季节破例。偶尔也会有雄象试图争夺家族领导权，借以彰显自我。但除非原有首领老病体弱，否则鲜有年轻人能篡位成功，而这些叛徒最后都会被逐出家门。没有家族会接纳一名不具血缘关系的陌生人，因此它只好当个独行侠。这些独行光棍的脾气会变得越来越坏，常成为当地的危险分子。

至于那些过着正常群体生活的象只，彼此相处和乐，对待其他动物和人类也富有和平精神，很少主动攻击。洛克伍德·吉卜林先生说："大自然赐予这兽既柔软又敏感的长鼻，同时也拘束它，要它必须与万物和平相处。"当大象冲锋陷阵时，它会把长鼻紧紧卷起，小心地不让它受伤，因为这是它求生必不可少的工具，且"尽管被一对尖利刺刀守护，这东西仍极其脆弱，有如花园里的蛞蝓"。

没有哪种动物敢挑战象群，就连老虎与大象单挑时都常处于下风——除非它有法子避免被象牙钉穿或被无情的巨足践踏。不仅如此，大象还是彻底的素食主义者，虽有自己最爱的植物种类，但青草、树叶，甚至嫩枝它们都照单全收。误入农园的大象会乱踩乱拔，造成极大损害，害得印度人必须时时看守稻田不敢懈怠。他们会在田地附近盖起坚固的高台，两名守卫轮流在上瞭望，只要看到大象接近就开始大喊大叫、敲锣打鼓，制造各式各样的噪声吓走它们。这招对于性情谨慎的大象十分有用，但那些独行的光棍可就没这么容易被吓跑了，且常夜夜复返同一地点。

象群不会在一地久留。它们很快就会把当地的植物扫荡一空，必须另外寻觅食地。它们通常在太阳下山后动身，即使在冷天也可能爬到高处山坡。大象是技术纯熟、态度审慎的爬坡者，队伍领袖会检查每一块石头、每一根树干，其余成员一只接一只列队跟上。对于体积这么大的动物来说，陡坡上的一失足果真会造成千古恨，因此这般小心绝对有必要。无论是在平原或高坡，对它们而言唯一不可或缺的，就是可供饮水与洗浴的充足水源。在每天最热的那段时间里，常可见整群大象将脖子以下的身体浸在水中。就算找不到这么深的水池，它们至少也要不断用鼻子吸满水，然后对着背部与身体喷洒。

大象平时动作粗笨，安心进食时会发出大量噪声，但如果受到惊扰，它们也能悄无声息地撤退。一头大象能以每小时二十千米的速度长途奔跑，短跑的速度还能更快。它还是游泳健将，能够一口气游上几个小时横渡大河，过程中只有长鼻顶端露出水面。

雌象通常两年生一胎，新生儿直立起来的高度只有一米，但在接下来的二十年里，它会不断长大。它以口吸乳，长鼻保持收回，吃奶的方式与其他哺乳动物相同。据说大象妈妈会大方地让同族群中的其他小象吃自己的奶。能够确定的是，幼象的确受到群体中所有成员的关照与溺爱。小象十分早熟，降生数个小时后就能与象群一起移动。刚开始时，它会走在母亲前面，让母亲将长鼻贴在自己背上，引导自己前进，但只要它稍稍长大、多了些精力，就会开始走在母亲身下，只要有一点风吹草动，它就会躲回那里。游泳时，母亲一开始会用长鼻辅助孩子，但据说它最后会干脆把小象背到背上，觉得这样更方便些。

非洲象的体形比亚洲亲戚大上许多，耳朵也要大不少，象牙更加沉重、弯得更厉害，而且它的鼻尖不只上端，连下端都有手指般的突出构造。古罗马的恺撒大帝将非洲象用在战场与庆典上，但在那之后，非洲象就不再为人所用了，因此人类如今虽十分注重对亚洲象的保护，却并未泽及非洲象。据说非洲象的数量正在急剧减少，而我们仍缺乏相应的措施来反制为商业利益而杀害它们的行为。非洲象最爱的食物包括金合欢树的嫩枝，但这种树长得很高，它们用长鼻也无法够到枝干，因此会将整株树连根拔起、放倒了来吃。能够确定的是，某些被拔起的合欢树实在太过粗大，不是单独一只非洲象所能办到的，必定是数只通力合作的结果。

生存秘诀

现在我们回到原本的话题，讨论像大象这样古老的生物如何能存活这么长的时间。部分答案在于它的身体构造（这点前面已经说过），以及它对生活环境的完美适应能力。群居习性也对它有利，若能有卫兵站岗，听见丝毫陌生声响就发出警告，那除了人类与来自文明世界的武器，实在没有任何东西能威胁到一支团结的象群。即便面对人类文明，大象居住的浓密丛林也能为它们提供相当程度的保护。斯里兰卡与中非的森林里有太多地方难以深入，除非借由大象自己踏出的通道，否则人类根本无法通行。

大象能生存下来，或许最重要的原因在于它的大脑以及高度发达的智力。它的感官非常敏锐，能借由听觉或嗅觉准确判断信息，视野虽受限，但视力不差。但若面对意料之外的状况，大象随机应变的能力有多强呢？学界对此众说纷纭。象群在日常生活中所展现出的智能远超过其他的群居草食动物（如鹿），这一点毋庸置疑。这些动物虽然也会服从领袖、派遣哨兵侦察任何异常的景象或声音，但不会像大象一样合作达成某些目的。在野外，大象的聪明程度并不如大型肉食动物，但这与它们的生活形态息息相关。大型掠食者必须具备高超的狩猎技巧才能保全自己的性命，但草食动物随时随地都能取食，且必须花费大量时间进食才能摄取足够的养分，因此也不需要发展出与肉食动物同等的狡猾与深谋远虑。

大象心智最为突出之处，在于它们能够受教。只有与人类互动时，它们的聪明才智才能得到充分发挥。象在驯养状况下所展现出的智力压倒群兽，仅有狗与某些猿类能超越其上，这是人们长久以来的认知。但近来，来自纽约动物园的权威学者霍纳迪博士，通过观察驯养大象与野生大象，指出即使是狗也无法与大象比肩。他指出，人类让狗在室内室外自由进出、到处乱跑，但大象由于体积庞大，必须随时关在笼子里或拴起来，去哪里都只能由人带领，因此两者在生活中的学习机会天差地别。更何况狗自幼就得受训，人们都说"老狗学不会新花招"，但大部分驯养的象都在成年后才遭人捕捉，却能在数月内学会服从许多指令，并熟记一长串动作。它们对人也有极佳的记忆力，能对主人展现出高度的忠诚并与之亲密相处，即使经过长时间分隔也能与原主人相认。但若遭主人虐待，它们也会牢记心中，等待时机报仇。

霍纳迪博士为我们讲述了一个故事，描述一只年纪很小、个子也小的非洲象如何善用它那近半米长的象牙。当时它被逼站上秤，非常害怕脚下摇摇晃晃的平台。它吼叫着倒退开来，站着不愿移动，却无法对抗饲育人员不断推它的力量。最后"它跪倒在地，将象牙插入地面，整根牙几乎都没入土中，将自己牢牢固定在原地"。发现这个妙招之后，它每回在活动场里不想回笼子时，就会故技重施。

大象的演化

我们从化石遗骸中得知最早的大象生着四条短腿，后来才在悠久岁月中逐渐变长。与此同时，它演化出了能让自己在地面觅食的长鼻子。

大象虽是人类的得力帮手，却无法被称为家畜。鲜有人工饲育的大象能够产子，且幼象要经过很长时间才能成年。若是为了补充劳动力，直接从野外捕捉成象要比人工饲养容易得多。捕象的方法是将野象赶入用木桩围起来的空地，然后用绳索将它们缚住，过程中以驯象作为诱饵来辅助。"在整个过程中，驯象的表现可圈可点，它们对每一个动作背后的概念，无论是目的本身还是达成目的的手段，都能完美掌握，对于正在执行的工作也都能乐在其中。它们能凭直觉得知困难或危险所在，然后控制自己去克服问题。有个例子是，某只野象已有一只前脚被绳圈套住，但它很聪明，知道要尽可能维持另一只前脚着地，这样人们就没办法在上面套绳子了。捕象人不断尝试，但都徒劳无功。一头作为诱饵的雌象在旁伺机而动，当这头野象再次提起前脚时，雌象突然将自己的脚插到下面，抬起野象的脚，直到那只脚被紧紧套上绳索之后才放开。"被捉的野象经过四个月的训练就能单独协助人类工作，不需要与其他驯象一起行动。政府机关只用雌象来工作，因为它们性情比较平和。但捕象人也会捕捉雄象，然后高价卖给商人或地方王公贵族用来展示、炫耀，其中尤以白象（有白化症的象）最为珍贵，但这种象的体色并不是纯白色，只是较一般大象浅淡。

在已经开辟道路的地区，大象的功能大多能被曳引机取代，但它们现在仍是崎岖山地不可或缺的驮兽。若要把砍伐下来的木材堆积起来，工人也常借助大象的力量。据说受过训练的大象能像码头工人一样精确、快速地堆放木材。此外，它们也是开荒整地、清理灌木与林下植物时不可或缺的帮手。印度的许多茶园都是由大象开垦出来的呢。

第十四章

水獭的故事

本章我们用水獭举例，说明哺乳动物的生活形态。水獭在英格兰的萨默塞特郡、德文郡与湖区十分常见，在威尔士、苏格兰及爱尔兰的某些地区也会偶尔现身。它有个血缘最亲的亲戚，却住在加拿大与美国一带。人类是水獭的大敌，对它的皮毛垂涎三尺，但水獭面对如此不利的因素，却仍能在大自然里自由生活，不可不说是件奇事。它从上古时代起就是不列颠居民，在三叠纪晚期、大冰河期之前的地层中都曾发现它的化石。

水獭是食肉目的一员，和白鼬、黄鼠狼、雪貂及獾同属于熊族 [1]，但因它选择了水生生活，从而走上了与亲族完全不同的道路。就此事而言，它演化的彻底程度并不如海豹，更是远远不及完全抛弃陆地的鼠海豚，但至少它在水中也能"如鱼得水"。不列颠北部的水獭通常住在海滨岩窟里，且能游到离岸极远的海岛上，但要注意它们与海獭（现仅存于北太平洋某些岛屿上）并不相同。海獭是水獭的远房亲戚，只在繁殖期上岸，其他时间就算登岸也不会停留太久。

水獭有个有趣的特质，它拥有在水中（包括淡水与咸水）优游自得的本事，但这并不影响它在陆地上的灵活度。它能在一夜之间走二十四千米，也会长途跋涉寻找好的渔场。

---

(1) 现已归属鼬科。

　　　　　　※　　　※　　　※

　　为了适应水生生活，水獭进行了哪些改造呢？它的脚上有蹼，肌肉发达的尾部是绝佳的方向舵；它的气息极长，能长时间潜在水下。一只水獭悄然无声潜入水中，当它再次冒出水面时却换了一副模样，因为外层光泽的毛发沾湿后紧贴身体，压扁了底层的干燥毛发，使它看起来整整小了一圈，非常有趣。也是在此时，我们能清楚看到水獭体格之健美，它有着像游艇般流线型的身躯，极适于在水中急速前进。水獭可是个运动家呢！

　　它游泳时贴紧水面、身体呈水平状，过程中只会激起一丁点儿涟漪。突然间，它一翻身，以螺旋泳姿下潜，再现身时嘴里已叼着一尾鱼。小鱼在水中就会被吞进肚子里，大一些的战利品则会被运到岸上，或是被抬到突出的岩石上。水獭前后脚上都有蹼，且有爪子，当它在近水面处游泳时会四足并用，但据说在水面追踪猎物或潜下深水时，它只使用前足划水，后足像海豹一样向后收拢。如前所述，水獭的宽尾巴具有方向舵的功能。英国博物学家约翰·库尔森·特里贾森（John Coulson Tregarthen）倾毕生之力研究水獭，他在《水獭故事》（Life Story of the Otter）一书中向我们详述了这种生物游泳、潜水、嬉闹时的风姿。大部分人对水獭并不了解，因为根本无法仔细观察，但特里贾森的这些记载能让我们一饱眼福。这种生物总是从人类眼前消失，移形换影只在须臾之间，更何况它大多在夜间出门狩猎，想要一睹其真面目就更难了。

　　水獭最嗜吃鱼，鳗鱼、鳟鱼、鲑鱼、梭子鱼、比目鱼皆是它眼中的美味，但除此之外，它也能接受非常多样化的食物，这是它生存的一大助力。如果某种食物短缺，它只消寻找另一种便可。因此，若是水獭无鱼可捉，它也能由奢入俭到海滨寻找贻贝，咬穿它们的壳来吃肉。它甚至能从岩石上取下笠贝，或连壳大嚼陆生大蜗牛。

若往另一方向发展，它也能在沼泽里捕青蛙，在湖滨里捉野鸭，或在高尔夫球场猎兔子。只要是它能抓到的东西，都会成为它的营养来源。

水獭生得一口好牙，颞颌关节十分强健，关节窝也极深。这些条件赋予它惊人的咬合力，能将挣扎的鳗鱼或梭子鱼牢牢衔住。若有良机当前，水獭也会和其他食肉动物一样肆行杀戮，远超过自己进食所需。这并不是贪念作祟，只是它无法克制自己与生俱来的狩猎冲动。若吃肉吃饱了，它似乎也会享受吸食鲜血之乐。

如果捉到的猎物一时没吃完，很多食肉动物会回头享用剩菜剩饭，但水獭很少这样做。这应该不是审慎思量后的决断，更可能只是它们本能上觉得这样做有危险。同样，水獭很少有折返原路或重复走同一条路的行为。

水獭的生存之道

这种大型哺乳动物身处不利的环境，却仍能固守据点、继续生存，它是怎么做到的呢？让我们回顾前面讨论的几项要点。它依水生活后，敌人少了、风险也少了，这两项优势又因它的夜行习性而有所加强，此外它不挑食的好习惯亦是一大助力。再者，它还脑袋灵光、感官敏锐、肌肉发达、精力充沛。尽管人类猎捕水獭获利极高，它却凭借这些优点继续存活在欧洲与北美的大片土地上。但以上所述尚未涵盖全部真相，水獭还有另外两项高人一等的特质：四处漂泊的生活形态以及水獭母亲无微不至的育儿行为。

特里贾森先生称水獭为"无家的猎人""野生动物中的游牧民族"，这非常贴切。许多生物都有精心掩藏的窝巢，水獭却有好几个，且每个之间相距十到十二米，而它会在夜间从一个窝远行到另一个窝，大部分时间都在四处游荡。"它从小湖走到小溪，从河畔走到海滨；它游泳出海，登上孤悬礁岩；它在崖边徘徊，又入洞穴探险；它行过长满石南的山坡，甚至翻越隘口，白日就靠羊齿草遮阴，或在石堆里纳凉；它不储蓄也不冬眠，总是奔波无定，真可谓食肉目中的吉卜赛人。"[1]

这么能干的水獭，遇上漫长而酷寒的严冬也会束手无策，此时不但湖面结冰，野禽也都迁移至他处避寒。它倒是有人定胜天的精神，只要发现冰层有洞就敢下水捕鱼，且据说它总能神乎其神地回到原来的洞口处，不会因迷失方向而在冰下溺毙。尽管如此，这仍是一笔玩命生意，因为洞口随时会被冰封，把水獭活活囚禁在下面。

住在海边的水獭则少有被饿死的担忧。当陆地遭霜雪封冻时，水獭就从山中小湖或沼地河流边动身，前往海口。咸水不像淡水那么容易结冰，海滨物产就算粗糙、不合水獭胃口，但至少在冬季依旧丰盛。

※　　　※　　　※

水獭通常一年生一胎，不过据说苏格兰北部的水獭一年生两胎也是常事。一年四季都可能有新生儿诞生，但最热门的时段是寒冬时节。水獭会在远离原本窝巢处盖一个新的育儿房，可能藏在某段突出的干燥河岸下方或石堆里，或是在老树树干的空心处，又或者是在隐秘的洞窟内。母亲一胎会生下两到三只幼儿，它们刚出生时全然无助，成长十分缓慢，整整一个月目不能视。此时水獭母亲会展现母爱的惊人力量，几乎与孩子寸步不离，纵然必须离家觅食来为自己补充乳汁，来回也总是急如星火，且就算睡眠时也不放松警

---

[1] 引自本书作者《动物生活之秘》（*Secrets of Animal Life*）一书。

戒。当孩子的眼睛终于能够张开时,它会带它们出门晒太阳,仔细为它们清洁全身。等到孩子两个月大时,它会领它们下水,要求一开始不情不愿的小水獭逐渐适应水中生活。

水獭是经验老到的渔夫,捕猎时没有一点儿多余的动作或声响,绝不会因为惊扰了猎物而失去机会。它会将又长又扁的尾巴攀在岩石表面,将身体悄悄潜入水中。

特里贾森先生的记载,向我们完整展现了水獭母亲如何给予孩子丰富而全面的教育。它会告诉它们某些声音代表的特殊含义,会惩处不服从或鲁莽的小水獭,会不断训练它们游泳直到技术纯熟,还教它们如何在池岸边的水中埋伏,仅留下鼻孔露出水面。它将觅食之术倾囊相授,包括怎样捞到鳟鱼、怎样捕捉青蛙,更严格要求孩子谨守餐桌礼仪,吃鳗鱼必得由尾部开始,吃鳟鱼应该先吃头,而青蛙在入口前则要先剥皮。

漫长而无微不至的教育或许正是水獭成功的主因,但它们在这个过程中也总能寓教于乐,不仅因为小水獭天性欢快爱玩,无意间已在学习面对求生的沉重课题,更因为水獭母亲会加入一同游戏,好似它也能从中得到快乐。同样的场景年复一年出现,或许这正是水獭常葆青春的秘密之一,那些在森林中生活工作的人都说水獭是"上帝的土地上最爱玩耍的生物"。

※　　　※　　　※

生活在旧世界的水獭在北美洲有个亲戚,叫作北美水獭(*Lontra canadensis*)。这种水獭热爱一种平底雪橇游戏,它们会仰躺在覆满坚硬积雪的坡上,把前肢收在胸前,然后用后腿一蹬,"唰"的一下往坡下滑去!它们滑到底后又会蹒跚着爬回坡顶(北美水獭在陆地上的行动不如水獭自如),不断重复,直到累了方才罢休。它们会不停使用同一个积雪斜坡来玩滑雪，直到上面都被溜出深沟。如此可爱又爱玩的北美水獭，现在却因人类的贪婪捕杀而数量逐年减少，实在是一大憾事。它们在欧洲的水獭亲戚现在在英伦三岛上仍十分繁盛，其荣景超出一般人想象。

水獭真是能力绝佳、喜爱玩乐的天涯漂泊客，在我们结束本节之前，还得说一个有趣的事实，那就是：水獭幼时竟然会害怕下水。

小水獭在水中非常不自在，总要可怜兮兮地呼唤妈妈，而水獭母亲也不敢离开孩子太久，有时还会将它们背在自己背上游泳，鼓励它们适应。如果我们记得水獭的祖先是纯粹的陆生动物，水生生活乃是不得已的次等选择，就能理解幼水獭为何会对水感到如此恐惧了。同理，我们也会知道水獭母亲为何需要教育孩子吃鱼，因为它们的先祖吃的不是鱼而是陆上的兽肉。这些都是往事影响今日的简单例子。

再谈白鼬

位于苏格兰阿伯丁附近的巴尔戈尼有座高尔夫球场，我正是在那里三度巧遇了白鼬，得以瞥见它们的生活场景。白鼬是英国常见的食肉目动物，本书前面已有介绍。它们并不出众，全身没有一项可以傲视群伦的特长，但也因为如此，它的生活形态更适宜作为大脑够大的哺乳动物的代表。

当时在我们前方，有一条看似棕色巨蛇的东西，足足一点八米长，在被称为"硬草地"的硬质青草间蜿蜒前行。我们忍不住揉揉眼睛、伸长脖子，这才看清原来是一只白鼬母亲带着至少七个小孩，后一只的头紧贴着前一只的尾巴，远看像是全部连成了一长条。海滨这片硬草地是它们的出生地，白鼬母亲领着孩子出发，前往更靠内陆的乱草区，也就是它们的教学场所。这条长队东摇西摆，迅速通过平坦的球道、穿过谷地，登上另一侧的金雀花草地，我们觉得它们就像一条棕色长蛇，每个小成员也像一条条小蛇。这种生物的身体是如此柔软灵活啊！我们很清楚，如果此时有人笨到跑上前去，白鼬母亲一定会为了保护孩子攻击我们，于是众人只能目送。很快，它们就在乱草地上消失了踪影。

另一天，我们正前往目标球洞的果岭时，看见一群小鸟（包括云雀和草地鹨）围成圈，僵立不动。这些鸟儿为什么一声不发？我们充满了好奇，慢慢往前靠近，发现眼前是一幅奇特的景象：两只年轻白鼬身处这群"鸟观众"中间，行为引人诧异，它们不断跳跃腾空、表演翻筋斗，简直像是在玩体操，把自己耍成了活生生的风火轮。周围的小鸟好似被咒语定身，盯着白鼬的怪异动作移不开眼。此处"着迷"恐怕不是个恰当的词，它们表面上看起来大饱眼福，但似乎下意识地感觉到了某种绝望与恐惧。可惜我们不能在原地停留太久，我们一动，舞台也会瞬间清空——"鸟兽散"。如果我们能够隐身不被注意，接下来会发生什么事呢？也许两只鸟会从观众群中消失，留下两只打着饱嗝的白鼬。

这戏码是白鼬偶尔用来抓鸟的招数，它们将平日的玩乐内容用于实战。这些鸟都看得聚精会神，我们已然靠得很近，它们却一无所觉，正是这种专注要了它们的命。在迅雷般的几次跳跃后，会有两只鸟转瞬气绝，速度之快简直让人不觉这杀戮是残忍的。毕竟，万物皆有一死。

※　　　※　　　※

第三次看到白鼬是在某天早晨，在同一座高尔夫球场上，小白球歪歪扭扭往前滚，我们也跟着走，此时前方却有只白鼬以非常缓慢的速度前行。白鼬在平地上通常是迈开步子疾奔，我们不明白眼前这只为何行动有如蜗步，即使我们大喊："注意！"它也没反应。虽然完全不想惊扰到它，但后头还有别人在打球，我们必须赶快往前走。就在脚步赶过它的那一刹那，大家都看得清清楚楚：这是只白鼬母亲，带着一只头一次出远门的小孩，孩子太小了，根本走不快。此时白鼬母亲怎么做呢？它一口叼起孩子的颈背部，迅速往前冲，把孩子放进沙坑里，然后回头来对付我们！

同一个地方，同一种常见的动物，三幕惊鸿一瞥的巧剧。任何愿意待在野外的人，都能对以上现象进行更长时间、更深入的观察。只是这样的萍水相逢，就能对我们的思想产生多少刺激、在拥有求知欲的心灵中激起多少疑问！这些观察动物的机会，让我们得以一窥生命的微妙之处。

第十五章

群居的哺乳动物

"群居动物"是相对于獾、水獭、野猫、狐狸等独行侠而言的，但所谓"群居动物"依群居程度不同也可分为数个等级。第一种动物常大规模聚居生活，但彼此之间毫无合作关系。只要去野外兔子聚集的地方看看，就能了解这是怎么一回事：它们在黄昏时分一起觅食、游玩，这或许能降低被敌人出其不意袭击的风险，但就我们所知，兔子从来没有出现过团体协同行动，也不会有谁负责站岗把风。北美洲的草原犬鼠也是如此。之所以会有大量个体住在一起，只是因为大家都发现该地适宜生活，且繁殖非常迅速。这类生物只是群居，但几乎没有社会生活。

不过，尽管有程度上的差异，我们也很难清楚画出分类界线。在《拉普拉塔的博物学家》（*Naturalists in La Plata*）这本引人入胜的书中，已故的 W.H. 赫德森先生告诉我们：阿根廷彭巴草原上的兔鼠（*Viscacha*）经常出现彼此"对话"沟通的状况，也会一起玩团体游戏。兔鼠属于啮齿类动物，常给栖息地附近的农作物造成不少危害，气不过的农夫有时会把土堆在兔鼠洞穴的出口处，想把它们活埋在里面。但入夜后，会有一支住在隔壁村落的兔鼠援兵现身，将受困的同类从地底挖出来！只要联盟关系出现，社会生活也就呼之欲出了。

再举斯堪的纳维亚的旅鼠作为例子，这种生物前面已介绍过；它们会大量聚居在适宜生活的地点，但彼此之间并无互动。然而，一旦粮食短缺的情况逼得它们必须逃荒，它们就会结合成一支长征大军，形成社会生活的雏形。

比这再高一级的社会生活，可以用鹿、羚羊、野牛等动物的生活形态为例。它们与前者的差异在于"协同行动"，以群体为单位活动、迁移，并在遭逢外敌时合力对抗。小个子的麝牛身披暗褐色的长毛，住在加拿大极北部，它们遭遇狼群时会一直退到背对山崖或山壁处，然后围成圆圈或半圆形，对敌人亮出一排可怕的牛角，将幼牛护在中间。麝牛团结御敌，狼群在进攻时也是团结一气。吉卜林在《丛林之书》中描写狼族内部法则，背后可有坚实的自然史知识作为基础。狼群之所以能围攻小群猎物或是击退强敌，都是因为成员个个尽忠职守，大家分工合作，绝非一盘散沙、各自为政。动物群中常有站哨、使用警告讯号的现象。

许多物种（如驯鹿）在夏季和冬季时，会在不同地区生活，一到换季就要大举迁移，每年在两地之间来回奔走。比起大鼠或旅鼠那种偶发的大群迁徙现象，这种周期性的迁徙活动具有更高的社会性。

群居生物中的最高等级，可以河狸聚落为例来说明。这种聚落与其说是"族群"，不如说更像一座大蜂巢，因为河狸连日常生活的事项，比如建造水坝或挖掘运河都能通力合作。它们的故事实在太有趣，值得我们另辟一节介绍。

河狸

河狸是啮齿动物的一员，与松鼠是近亲。它并不是天资聪慧的生物，许多了不起的成就都是由天赋本能促成，而非智能学习之下的产物。

英国本土曾是河狸的生活区域，它们当年勤奋工作的遗迹仍在某些地区留有蛛丝马迹（如所谓的"河狸草原"[1]）。如今河狸早已

---

[1] 译注：河狸会筑坝形成人工湖。被河狸抛弃后，水坝内的人工湖逐渐干涸，干涸的地区就长出草来，变成一片草原，被称作"河狸草原"。

从英国消失，在欧洲也仅生存于偏远地区。北美洲曾是河狸生长的大本营（美洲河狸与欧洲河狸几乎是一模一样的生物），但即使在此地，它们的生活条件也越来越受到限制，只能不断向西方退守。河狸皮太过值钱，尽管它们头脑机灵又懂得团结合作，但仍无法抵挡人类的贪婪之心。河狸与松鼠这对亲戚十分有趣，两者都是抛弃了原有的生存环境（平地），转而到他处寻觅新家园。松鼠做得最彻底，它干脆搬到了树上居住；河狸则选择将水泽纳入自己的生活圈。

河狸的皮毛厚实防水，后脚有蹼，尾巴强壮扁平且有鳞片，可在游泳时作为方向舵使用，以上都是河狸适应水生生活的良好条件。据说河狸会用它的扁尾巴拍击黏土来筑水坝，但这其实是以讹传讹的错误认知，河狸并不会这样做。尽管河狸那沉重圆胖的身躯以及四条短腿使得它在陆地上行动不便，但它在夏天还是常在广大范围内四处游荡，享受唾手可得的美食。

河狸身上的许多特质皆有助于自保，若非人类把它们那厚重、丝滑的底层毛皮看得如此贵重，它们现在仍能族群昌盛。河狸皮草原本被用来制作大礼帽，但后来人们大多改用真丝材料，此事甚有助于野生河狸的保育与复兴。美国大部分的州已经立法保护河狸，限制猎人每季能够猎取的皮草数量。河狸的求生能力来自游泳、潜水的矫健本事，以及贮存嫩枝、碎枝的习惯，也来自它的夜行习性，以及多样化的食物清单（河狸能以多种不同植物为食），但最重要的还是它们互助合作的态度，以及天生注重效率的精神。

※　　　※　　　※

把树木放倒是河狸生活里的头号工程，这些树木的树干半径常有四十厘米左右。河狸会用凿子般的门牙逆着木纹啃出两道平行沟槽，然后将沟槽之间的部分一块块凿下来，接着它会再啃出另一道平行沟槽，然后凿下中间的另一圈木材。河狸会不断重复这个过程，直到树干被它凿成双锥形（或者说是沙漏形状），很容易就能拦腰折断。一位细心的观察家曾留下这篇记录：河狸以精湛的技艺将一株白杨树放倒，让树身正好倾倒在河狸所筑的人工湖中央，等于是在自家门口放了大量食粮。不过，这种情况可能出于运气的成分较多（而非有心为之），毕竟它也时常出错，让树倒向错误的方向。河狸通常在离巢很远的地方择木砍伐，这样就不必担心倒下的树把家压垮。此外，河狸常把一棵树啃到一半就半途而废，这是动物出于本能常见的情况，如果它在工作中受到严重打扰，它就会任这工程功亏一篑，再也不理会。

看来我们必须打破几个迷思，一个是所谓"伐木工河狸懂得以不对称的方式啃咬树干，控制树往哪边倒"的说法，另一个则是"河狸故意留下咬到一半的树，等待一阵强风把树吹倒"的理论。河狸已是非常有趣的生物，我们不必这样为它添油加醋。它们喜欢半径不超过三十厘米的树，而之所以要把树放倒，是为了取得更多富含树汁的枝干。

筑坝造湖则是另一项重要工事。湖的功用是让河狸巢穴被深水围绕，这样它就能在冬天潜入冰下游泳。巢穴的进出口位于水下，由深水作为防线，筑坝的目的就是要造出足够的水深。河狸口衔漂流木和柳条一类的材料，将它们编织成骨架，再把泥土和石头用手捧在胸前运来，用以加强结构。

有时整条宽阔河流都会被河狸坝横截，但这种情况并不多见。据说河狸在水流微弱处会建造直线形水坝，但在水流强劲处则会让水坝中央朝上游突出。不过我们也能以纯粹的机械原理解释这个现象，而不必将它归功于建造者的突出智慧。此外必须注意的是，洪水过后，小溪常被漂流木堵塞，溪流中自然有些地点容易出现这种情况，而这种天然生成的临时水坝很可能就是河狸展开工程的基础，它们会在此建造能够长久耸立的真正水坝。比起无中生有，动物的行为更可能是就地取材加以改良。

河狸坝还有其他有趣之处，例如构成水坝的某些树枝可能就地生根发芽、长成另一株树木，这不但能使水坝构造更加坚实，夏天成荫的绿叶也能起到掩蔽水坝的作用。不过对我们来说，最有意思的莫过于会有许多水獭合作建坝一事，这样的水坝能同时供数座窝巢使用。

河狸盖的家屋主要有两种，但也有许多介于两者之间的建筑形态。科罗拉多河这样的河流河床高耸、水位变化大，该地的河狸会在水底深处建造隧道，通往位于河岸上的大型地洞，也就是自己的家。但在其他状况下，河狸会兴筑一种结构粗糙、以树枝和泥巴混合搭成的锥状房屋，高度数十厘米，底部约有两三米宽。出入口通常位于水下，但也可能有另一道门直接开向陆地。这种窝巢的内部空间，一部分是起居室与卧室，其他地方则是用来堆积嫩茎与枝干（以备严酷冬季）的储藏室。

在某些例子中，人们发现大量树枝被贮存在河狸湖底靠近巢穴门口处，并以石头压着固定。若上述这些记录都是真的，那么此种行为显然展现出某种智能。另一件值得注意的事情，是河狸会在秋天替屋舍抹上一层新泥，这层泥在冬天冻硬之后就变成一堵阻挡寒气、保持室内舒适的墙，更能让屋子成为坚固的堡垒，抵挡饥饿野狼或狼獾入侵。人们常对河狸巢穴有太多不切实际的幻想，这实在令人无奈，因为它最多只是一种简陋而尚堪使用的建筑物，绝非胡蜂巢或白蚁塔那样的大师杰作。

※　　　※　　　※

河狸不仅过着群居生活，还有社会性的互动。它们会彼此来往，更能互助合作。无论是建造水坝还是开凿运河，我们都能从中看出河狸的这些特质。许多河狸会围绕一座大型河狸湖建起众多巢穴，于是就构成了"河狸聚落"。

然而，在一座狸口繁盛、建立多年的聚落附近，可用的树木想必会越来越少。最靠近湖畔的树木会最早被放倒，越到后来，河狸就必须走出更远的距离才能找到树木，就像现在拖网渔船必须到离港口越来越远的海域捕鱼一样。取得树枝后，河狸必须将它们衔在口中搬运回家，过程中，枝干两端都横向突出在外。如果是走水路，这还不会造成太大的障碍，但若是走陆路，衔着的这些枝干要如何穿过浓密的林底植被呢？河狸的确会开辟道路，但它们有比开路更好的法子，那就是开凿运河。这些运河中的上乘之作可是出色的工程成就呢！运河长度可达数十米，常在蛇形河道之间截弯取直，甚至可能横贯整座岛屿。我们不得不承认，这最后一个例子真是了不起的杰作。

要建造一条长运河，只凭一只河狸之力是不够的，必得众人通力合作才能成功。更重要的是，在英国阿盖耳公爵（Duke of Argyll）拍到的有趣照片中，我们可以清楚看到：河狸挖掘运河的行为在当下不会达到任何成效，必须一直到整条运河建造完毕、放水流入运河道时，旷日费时的工作才会显现出成果。看来它们的确有能力瞄准一个远程目标 —— 不论那看起来多么遥不可及 —— 并为此长期努力。与此同时我们也知道，在河滨低地处，林间的河狸小径有时会遭暴雨或洪水淹没，成为一条天然运河。

或许这些因自然气候而变成水道的步道给了河狸一些启示，让它们以此为基础加以改良。毕竟动物未必有能力发明新东西，但有能力就现有事物加以改造，这点我们前面已经说过。

河狸成双成对生活，奉守一夫一妻制。小河狸要花很长时间才能长大成年，在此期间它们似乎都过着快乐的家庭生活。

一旦河狸聚落变得地狭人稠，部分成员就必须离家找寻新居所。

某些观察者说，搬走的通常是祖父母辈的河狸 —— 那些经验最丰富的老兵 —— 但此事我们目前无法确认。

河狸聪明吗？

我们并不这么认为，它们与狐狸、白鼬、马、大象比起来逊色太多。但它们天生有合群的脾性，能与其他河狸分工合作，这是一项非常珍贵的天赋。此外，它们至少拥有足够的脑力，能在长久的岁月中逐步检验那些浮现于内心的提示或建议，若证明有用就严格奉行。这并不是说曾有任何河狸拥有"何谓水坝"以及"水坝的功用"这些知识，而是说，当大自然中因缘际会出现了水坝雏形时 —— 部分是河中洪水造成的结果，部分则是河狸对自己原有习性的突破 —— 它会对此加以检验，并以某种方式将那些行得通的做法保留下来。

第十六章

哺乳动物的为母之道

母亲育儿的行为在哺乳动物中极其普遍，我们若要讨论哺乳动物的生活形态，绝不能忽略这一部分。值得一提的是，"哺乳动物"一词的英文"mammal"是由"mamma"这个词衍生而来的，而"mamma"指的就是母亲的乳房。

卵生哺乳动物

　　很久以前，大洋洲的原住民告诉白人，他们认得一种会下蛋的长毛野兽（鸭嘴兽）。动物学家对此嗤之以鼻，他们认为世界上不可能有卵生的哺乳动物。但原住民所言不假。大洋洲有两种卵生哺乳动物，它们和鸟类与许多爬虫类一样会生蛋，是最原始或者说形态最古老的哺乳动物。鸭嘴兽又称"鸭獭"，是种体毛丰厚、站立时呈蹲姿的动物，体长超过三十厘米，脸上长着鸭一样的喙，足部有蹼且有爪。它住在池塘里或是溪河中水流较缓的河段，会在泥巴里翻找软体动物和小鱼苗，一次收集一堆存在嘴巴里，等到想吃的时候再悠闲地嚼起来。它出生时口中有副坚硬好牙，但不到一岁时就会脱落，被角质板状的构造（这可是咬碎食物的利器）取代。鸭嘴兽并非彻底的恒温动物，身上还潜藏着其他与爬虫类近似的特质，只要仔细观察就可以发现。它会在水滨挖地洞，在地洞尽头产下两颗卵。卵壳呈白色，长度可能超过一厘米，比起一般哺乳动物的卵子大小（零点二毫米）来说煞是惊人。一般哺乳动物的卵细胞中没有卵黄，但鸭嘴兽的却有，因此体积也就特别大。简言之，鸭嘴兽的卵与爬虫类的蛋非常相似。鸭嘴兽母亲的腹部有无数小孔洞，乳汁从中流出，幼儿孵化后以舔舐母亲腹部的方式吃进乳汁。由于鸭嘴兽没有乳房，也没有可供幼儿吸食的乳头，因此严格来说，它并不能算是"哺乳"动物，但如果我们因此要取消它的头衔，那也未免太不知变通了。

针鼹又称刺食蚁兽，是种陆生动物，长度约为三十厘米，体格强壮，身上披满了由毛发转变而成的硬刺。它挖地洞的速度飞快，一下子就能让整个身体没入地中，只剩背脊露在外面。它的吻部修长纤细，口中无牙，但有条又长又黏的舌头，捉起蚂蚁来得心应手。它的身体和鸭嘴兽一样，都不具备完整的恒温机制，体温在数分钟内可能变化数度之多。冬天一到，它就会躲进某处狭小的地方，进入冬眠状态。

针鼹卵与鸭嘴兽卵类似，但针鼹妈妈会在生产后将卵含进口中，然后放入腹部一个向前开口的口袋中，让卵在里面继续发育。乳腺位于口袋的侧壁上，某些动物学家认为这个口袋就是一个变大了数倍的中空乳房。繁殖季节过后，雌针鼹的这个口袋就会消失。有趣的是，针鼹分泌的乳汁与一般哺乳类的大不相同，里面含有大量蛋白质，几乎不含糖分，也不含磷酸盐类。这种怪异的乳汁从口袋内壁渗出，刚孵化出的小针鼹会舔食这些地方，取得养分。

有袋类哺乳动物

比卵生哺乳动物高一层的是有袋类哺乳动物，这类动物中的雌性大部分都拥有一个体外皮口袋，作为庇护、养育孩子的处所。袋鼠、袋狸、袋貂、袋熊、袋獾，都是有袋类动物。它们曾遍布世界各地，连英格兰都有它们的化石出土，但后来大概是因为更聪明的哺乳动物出现在了地球上，使得它们必须让出领土。正因如此，现存所有有袋类动物都是大洋洲出身，只有美洲的负鼠和生活在哥伦比亚及厄瓜多尔山地的稀有鼩负鼠是例外。大洋洲这座孤岛般的大陆是有袋类动物的天下。太古时代的地壳沉降使得大洋洲与亚洲大陆分开，因此那些强大的天敌，也就是比有袋类动物更强大的哺乳动物还来不及进入此地就被海洋阻绝。大洋洲的有袋类动物后来朝着数个方向演化，却也暗合于某几支哺乳动物的演化状况，例如袋鼠可对应草食动物；袋狼则对应食肉目动物；袋熊长得像啮齿目动物；掘洞高手袋鼹则看起来就是鼹鼠的化身。这里也有几支伞兵部队，它们身上的蹼状皮膜与啮齿目的鼯鼠有异曲同工之妙。

有袋类动物有很多特点，其中之一是幼儿出生时发育极不完全，也就是说，它们都是早产儿。

一般的哺乳动物，如羊、牛、猫、狗、大鼠、兔子等，胎儿都与母体子宫紧密相连，在母亲分娩前很长一段时间内都直接与母亲共享养分与水分。未出世的哺乳动物胎儿凭借胎盘与母体连接，但有袋类动物身上几乎找不到胎盘的痕迹（除了某种袋狸属生物外），胎儿与母体之间的联结也没有那么紧密。事情还不仅这样，小型马母亲在分娩前必须怀胎十一个月，但一头体形与小型马相仿的大型袋鼠却只会让胚胎在体内待三十九天。初生的小袋鼠双眼全盲、全身无毛，身长仅三厘米左右，却能在不借助母亲帮忙的情况下从产道口慢慢爬入育儿袋中。进入育儿袋的小袋鼠会开始寻找乳头，被它找到的乳头会稍微膨胀，以便帮助它衔住乳头不放。尽管小袋鼠的嘴巴能够紧咬乳头，但它缺乏吸吮能力，母亲必须借由收缩某块特殊的肌肉才能将乳汁送入小袋鼠口中。既然这样，为什么小袋鼠不会被乳汁呛到甚至因此窒息呢？因为它的气管开口处（声门）向前转向，与鼻腔后方的开口相通，因此空气会直接进入肺中，口中的乳汁也完全不会"走错路"。有趣的是，须鲸为了适应环境也演化出了类似的构造，当它张大嘴巴在海水中前进时，它的声门就被往前推入鼻腔后开口处（后鼻孔），同时前方鼻孔（气孔）则被封闭，这两个机关同时作用，能完全阻绝海水流入肺中。

※　　　※　　　※

在育儿袋中成长一段时日后，年幼的有袋类动物终于有能力将头探出袋外。一颗小小的头从袋口伸出、四处张望，这是多么奇特的景象！渐渐地，它能从袋里跳出来，并开始自己照顾自己。但只要危机出现，它就会躲回这个安全摇篮中。小袋鼠跳进跳出育儿袋的画面是非常奇特的景象。

少数有袋类动物没有育儿袋，它们的新生儿必须攀在母亲的毛发上，有时还得将自己的尾巴与母亲的交缠在一起帮助自己附着。其他一些有袋类动物也是如此，它们离开育儿袋之后还会抓着母亲的毛发、攀在它身上不放。阿扎拉负鼠（*Azara's opossum*）是一种没有育儿袋的有袋类动物，它的体格与猫一般大，据说它能在背上背着十一只老鼠大小的小孩（母子间甚至不需要用尾巴交缠固定）的情况下如履平地地爬树。我们知道，尽管这些有袋类动物怀胎时亲子间的联结不如一般哺乳动物那样紧密，但在孩子出生后，有袋类动物却会长时间与孩子紧密相伴。只有雌性有袋类动物才有育儿袋，这点应当不必我们多说了吧？

在澳大利亚的昆士兰与新南威尔士两州，有一种身材娇小的有袋类动物，叫作"侏儒袋鼯"（*Acrobates pygmaeus*）。它的体形不比老鼠大，身体两侧前后肢之间长着翅膜，能够让它在树梢之间滑翔。雌性侏儒袋鼯的育儿袋中只有四个乳头，但它一胎生的小袋鼯数量远超过此数，这下事情就麻烦了。刚出生的侏儒袋鼯体形极小，身长还不如人类小拇指的指甲宽。它们必须从母亲身上爬过，在这个过程中紧抓着它的毛发。只有及时爬入育儿袋的小袋鼯才能存活，而既然一个育儿袋只养得下四只小袋鼯，除了前四名，其他的新生儿都会在短时间内死亡，从出生到气绝不过数分钟。

小型有袋类动物似乎常一次生下大量小孩，超出自己所能哺育的数量，因此其中总会有一些一出生就成了牺牲品。我们的确会见到大型动物一胎生下多个小孩，数量比母亲的乳头数还要多，却都能养得活。例如，疣猪一胎可生六到八只，却只有四个乳头。于是有人要问：这些初生的幼儿不能一起待在育儿袋中分享乳汁吗？但问题就在于，刚出生的小有袋动物一旦吸到乳头，至少数星期内都不会松口。某些有袋类动物的幼儿甚至在长大离开育儿袋之前都不会松开乳头。

侏儒袋鼯的这种特质看似有极大的缺陷，此事应当如何解释呢？我们必须注意两点：第一，动物身上的一切安排并非完美无瑕，某些为适应环境而做出的改变尚未调整到最佳状态。第二，这些发育极为不全的脆弱幼儿要靠自己爬进育儿袋很有难度，因此多一些候补者也比较保险。以"以量取胜"的原则来生育后代，是侏儒袋鼯确保种族延续的方法。

胎盘哺乳动物

我们所熟悉的所有哺乳动物，像猴子、猿类、狮子这类食肉动物，刺猬这类食虫动物，野兔这类啮齿动物[1]，马和牛这类有蹄动物，以及其他千变万化的动物形态，如树懒、食蚁兽、鲸豚类动物、海

---

(1) 译注：兔子现在已被归入兔形目。

牛和蝙蝠，全拥有一种被称为"胎盘"的复杂器官，能将胎儿与母体子宫联结起来。胎儿完全依靠这种联结维持生命，而我们几乎能将母与子视为共同体。胎盘会拦下所有固体分子，不让它们从母体进入未出生的胎儿体内，但溶解在母亲血液中的食物养分则能够通过胎盘筛选，进入孩子的血管，同时胎盘也必须容许某些物质反向渗透回母体。母亲将可溶于养分、氧气，以及被称作激素、能在细胞间传递信息的珍贵化学物质供给胎儿，胎儿则将含氮的废气、二氧化碳以及另一些激素输回母体。据说，胎儿所反馈的这些激素能帮助母体更充分地吸收食物养分，也算是对母亲牺牲自己、孕育孩子之恩的涓滴回报。

为什么我们会用"牺牲"一词来形容哺乳类母亲呢？只要想想大象这个例子就能了解。雌象要熬过十二个月的大腹便便才能生下小孩，幼象出生时站立已有近一米高，这要吸收母亲提供的多少液态养分才能长到这么大啊！此等巨婴的身体全是母体的骨血所造，不可不谓极大的牺牲，虽然这牺牲并非母亲有意为之，但仍不减其重要意义。

出生前，胎儿在母亲子宫内沉睡的时间有长有短。一般而言，孕期越长，新生儿的大脑与身体结构发育就越齐全。那些脑部体积较大、智力较高的哺乳动物通常得在母亲腹中待上好一段时间才会呱呱坠地。举例来说，猴子的孕期可能长达七个月，但大鼠只怀孕三周就能生产。还有一个因素也会影响孕期长短：如果准妈妈能待在避人耳目的窝巢内，或是孩子出生后还会附在妈妈身上一段时间，这样就算新生儿眼盲、全身光溜溜、毫无自理能力，安全上仍能得到保障。我们都看过刚出生的小猫或小兔子，知道它们当时是何等脆弱。人类小孩的婴儿期之长尤其显著，但这种长时间需要外力照顾的情况也有其优点，这是一段受保护的时期，能让幼儿一边一点点扩大活动范围，一边让身体与大脑成长，同时也能让亲子之间的亲情更加紧密。

也有一些生物的命运不同，它们所处的环境危机四伏，因此孩子一降生就必须有相当强的自理能力。某些鸟类（如鸻）刚孵化就能四处乱跑。同样，也有某些哺乳动物的幼儿非常早熟，像马或羊的新生儿才落地就能走动。在亚洲草原这样的自然环境中，野驴之子诞生后短时间内就能跟上母亲的脚步。也正因为如此，我们能理解为什么母马必须怀胎十一个月才生下小马。值得注意的是，幼马必须时时移动，因此一次只能吸一两口奶。但牛妈妈会将小牛藏在灌木丛里，所以小牛能安心喝奶喝到饱。

同理，在外海降生的鲸一出世就矫健如游龙，但在岸上出生的小海豹则不然，它们要是太早入水，很容易被淹死。鲸妈妈必须怀胎一整年，让胎儿充分发育后才敢生下幼鲸，但兔子的孕期却只有一个月，小兔子会在窝巢中降生，安全无比。

※　　※　　※

在非洲中部的某些部落里，母亲都会将婴儿背在背上。不论是下田工作、挤牛奶，还是在简陋的屋中做家事，母亲都会一直带着孩子，而这时婴儿也必须紧紧抓住母亲。同样，猴妈妈常带着小猴从一棵树荡到另一棵树，有时猴爸爸还会接手带小孩，让妈妈稍事休息。我们前面已提过，某些有袋类动物会将小孩背在背上或装在育儿袋里爬树甚至滑翔，但它们都比不上蝙蝠妈妈艺高人胆大，它竟让小孩抓着自己，让它用小小的门牙紧咬住自己那奇特的粗毛，然后带着孩子飞上半空。蝙蝠一胎仅生一只，甚少例外，此事自不在话下，毕竟母亲一次带一只小蝙蝠飞行已是极限。此外，蝙蝠产子数量少，这也表示它们在生存竞争中已取得稳固地位，无须依靠后代数量保障族群存续。

河马妈妈有时会让小河马跨坐在脖子上，背着它在水中行动。南美水豚（South american capybara）也有类似的行为，它是全世界体形最大的啮齿动物，四脚站立时与绵羊同高。当了母亲的海牛或儒艮会用鳍肢将幼儿紧抱在胸前，据说这景象是某些美人鱼故事的来源。

体积庞大的象鼻海豹有种非常特殊的行为。小海豹在岸上出生，但只要它饱餐一顿之后，就会慢吞吞地往海里跑。母亲会在旁边陪着它，一旦发现它落水，就会赶紧跳海把还不会游泳的小海豹救回岸上。有趣的是，这个"饭后跳水"的行为似乎对小海豹的健康十分有益。

有不少种类的鹿，要出生后好几天才能站起来活动。这些初生的小鹿会被母亲藏在灌丛里，而这灌丛就类似窝巢雏形。说到真正的窝巢就会让人想到鸟类，但哺乳类中也有善筑巢者。小个头的巢鼠会编织草叶，将吊床状的巢悬挂在摇晃的麦秆上。就连兔子都懂得拔下自己的毛，在洞穴深处为小孩铺设婴儿床。在大树枝丫上，或说主干分叉处，常可见松鼠用苔藓和细枝筑成的育儿巢，由于松鼠天敌很少，这些巢的位置通常很明显。松鼠巢与鸟巢的用途差别是什么？松鼠虽然不必孵蛋，但也需要哺育幼儿好长一段时间，因此这差别只是技术性的，意义并不大。如果遭逢威胁，例如有樵夫逼近，松鼠妈妈可能会一次用口衔着一只、将巢中两到三只小松鼠分几次运走。

哺乳动物母亲为了保护孩子不惜拼命，这样的例子不胜枚举。相信大家都听说过母熊因丧子而悲愤无比的故事。不过，在我们看来，母爱的最高境界并非舍命护子，而是像前一章所描述的水獭母亲一样，耐心而毫无保留地将全套"木工手艺"传授给孩子。

负鼠的故事

前已提及，有袋类动物曾遍布美洲与欧洲各处，但现在仅剩下美洲的负鼠与厄瓜多尔、哥伦比亚一带鲜为人知、长得像老鼠的鼩负鼠，其他有袋类动物的栖息地都被局限在澳大拉西亚[1]。鼩负鼠是一种十分原始的生物，过去有许多同族亲戚，但现在仅有这一支留存于世，用"活化石"一词来形容它可谓恰当。若不是学会在偏僻地区安静生活以保命，它们早已步上亲族后尘、遭受灭绝命运。面对条件更好的哺乳动物，有袋类动物（除了树栖的负鼠）在生存竞争中只有溃败的分儿。不过幸好它们有些选择在大洋洲定居，而大洋洲在其他哺乳动物来不及进驻前就成了岛屿，这些有袋类动物才得以保全。在古代，有一道跨越爪哇海的陆桥连接大洋洲与亚洲大陆，但后来这道陆桥消失，大洋洲的有袋类动物也因栖息地与大陆隔绝而存活至今。既然没有强大天敌威胁，它们便能在大洋洲繁衍昌盛，并演化出许多不同的类型：有的是草食性，有的是肉食性，还有的变得像哺乳类中的啮齿动物或食虫动物。

有超过二十种不同的负鼠居住在南美洲，北美洲仅有弗吉尼亚负鼠（Virginia opposum）这一支，它们栖息在从纽约州到佛罗里达州的地区内，在人类毫不留情的迫害之下仍能幸存。记录显示，伦敦一间商家在一九一一年共经手一百万件以上负鼠皮，当时负鼠皮草因具有羊毛般的底层绒毛而大受欢迎。此外，负鼠肉不仅可食，还是美国南方诸州的名菜之一。面对种种不利的因素，它们竟然还未在野外绝迹，实在令人感到不可思议。

弗吉尼亚负鼠是种小型动物，头与躯干加起来近四十厘米，无毛的白色尾巴则有三十厘米长。尾巴在负鼠的日常生活中具有

---

(1) 译注：澳大拉西亚包括澳大利亚、新西兰及邻近的太平洋岛屿。

极其重要的功能，它不仅能像猴子尾巴一样抓握东西，还是攀爬时的重要帮手。尽管离地爬高的能力已为安全保障加了分，但负鼠并未因此放弃在地上立足。它除了攀高也能钻地洞，有时能躲到树根下极深处，人类根本无法将它挖出来。负鼠在生存上的另一项优势是它不挑食的好胃口，无论水果、植物根茎、坚果、嫩玉米、蚯蚓、鸟蛋、雏鸟或幼兽，都是它眼中的大餐。多样化的饮食习惯能让它把自己养得胖胖的，而体表下储存着的脂肪也能帮助它安度严冬。

英语俗语中有"假扮负鼠"（playing opposum）这一说法，指的是负鼠被逼到绝境时会使出的装死招数。当外部生活环境发生突如其来的改变时，许多动物会受内在的本能驱使，变得一动不动，进入一种僵直状态。由于很多掠食者都不会将"不动"的东西视为猎物，这种假死本能有时能让小动物死里逃生。某些动物则拥有比较高级的装死技巧——自我催眠。当自己突然被碰撞摇晃、被提起悬空，或被倒翻过来的时候，它们会变得全身僵硬、对外界刺激再无反应。在海滨的螃蟹、沼泽里的青蛙，甚至是蛇类或野禽身上都能看到这种现象。这种装死的方式并非有意为之，而是这些生物天生体质造成的不由自主的反应，有时能为它们保住一命。负鼠的装死手法更高级，不少比负鼠聪明许多的动物（如狐狸）也会采用相同的招式。这不是某一只负鼠自己想出来的法子，而是整个种族面对危险时的自然倾向：保持低调、悄无声息。负鼠装死时或许也会产生某种程度的真实昏晕反应，但有证据显示它在过程中基本可以自我控制。它总能在掠食者放松钳制的那一瞬间，恢复正常，溜之大吉。

弗吉尼亚负鼠虽然常见，但总是行踪诡秘，鲜少有博物学家能对它们的家庭生活进行较为仔细的观察。不过，美国得克萨斯大学的生物学家卡尔·G.哈特曼（Carl G. Hartman）发表过一篇关于负鼠的研究，其内容详尽，为学界解开了不少疑团。在得克萨斯州，负鼠的繁殖期从一月开始，到了二月中旬，大部分雌负鼠的育儿袋中已有小孩。负鼠的孕期想必很短，不然幼儿不会在二月中旬之前就已出生。事实上，负鼠的胎儿仅待在母体内十一天左右就要降生，出生时仅是个"半成品"，长约三厘米，而这样的新生儿显然没有任何自理能力。

学者们长久以来都在争论新生负鼠如何从产道进入育儿袋中，有几种说法广为流行却错误百出。一种比较为人接受且有理有据的理论如下：负鼠母亲会将新生儿含在嘴里，一次搬运一只，把它们放进育儿袋中，并将它们分别安置在各个乳头上。然而哈特曼先生在弗吉尼亚负鼠身上观察到的却不是这样，他在报告中指出，母亲会将刚出生的幼鼠身体舔干，但之后幼鼠必须靠自己一步一步爬进育儿袋中，自行找到乳头吸吮。它从一个摇篮到另一个摇篮的路上显然不会得到母亲的任何帮助。

幼年负鼠可以在育儿袋中享受两个月饮食、安全都有保障的好日子，之后三十天，它们会在母亲身上四处移动，紧紧抓住母亲的毛，偶尔还将自己的尾巴缠在母亲尾巴上，一旦受到惊吓或肚子饿了就返回育儿袋。等到幼鼠终于断奶，母亲也会在不久之后再度怀胎。负鼠通常一年能够怀孕两次。育儿袋中一般有十三个乳头，但雌负鼠一胎只生七到十一只，因此极少有乳头不够用的情况。如果这样的状况不幸发生，一胎中有超过十三只小负鼠降生，其中某些就只能被活活饿死。

经过以上解说，我们更能了解负鼠为何能在人类的迫害之下继续存活。除了前面提到的各点，还有一个非常重要的原因，那就是负鼠母性极强，不仅每年必须照顾两批多胞胎，还会悉心养育每个小孩，直到它们能够自力更生。

※　　　※　　　※

回头看看哺乳动物的演化历史，我们会发现，养育后代最简易的方法就是让它们在一颗足够大的蛋里发育，并在蛋中留下富含养分的蛋黄。这是鸟类与爬虫类的主要特征，但最原始的卵生哺乳动物也采取了这种做法，比如鸭嘴兽、长吻针鼹、短吻针鼹这三种澳大拉西亚的居民。鸭嘴兽通常一次产下两颗蛋，长度将近两厘米，外表有硬壳包裹。地穴深处，鸭嘴兽母亲会伏在蛋上或围绕它们趴着。针鼹一次只下一颗蛋，并将它直接存放在体外的口袋中。这些蛋的早期发育与爬虫类（或鸟类）的卵类似，受精卵会经过被称为"卵裂"的过程而形成胚胎。发育中的胚胎依靠卵黄养分过活，逐渐吸收卵黄而成长，并依靠充满血管、延展于多孔卵壳内壁的"尿囊"，也就是具有薄膜壁的囊袋状构造进行呼吸，就像未孵化的小鳄鱼或小鸡一样。氧气从外面透入卵内，二氧化碳则从内部往外扩散。孵化时，里面的小生命会像小鸡一样破壳而出。它的吻部有个锥状突出物，还有一颗藏在上唇中央后方的"破壳齿"，能够帮助它打破蛋壳。一只年幼的哺乳动物身上带着爬虫类先祖的特征，这是多么奇特的景象！刚孵化的幼兽眼盲且无毛，小鸭嘴兽约为两厘米长，小针鼹则是一厘米长。很快，它们就会开始舔食乳汁，靠着吸收得来的养分茁壮成长。

看看爬虫类的例子吧。蛇在产卵后会将卵埋入暖沙中，之后便再也不闻不问。与前述内容相较之下，我们便可发现这些哺乳动物在两个方面有所进步，第一是它们开始孵育产下的卵，第二是它们会在幼儿孵化后继续加以养育。不过我们必须知道，某些爬虫类也有孵育行为，且此事是在鸟类而非哺乳类手中被发扬光大的。

卵生哺乳动物再往上演化一级，就出现了有袋类动物。有袋类动物的卵没有卵黄，但胚胎在发育期间会有一段时间与母体相连。

在大部分有袋类动物身上，这个"相连"的方式其实十分"粗糙"，仅靠着那片不包卵黄的卵黄囊上面的血管与母体的血管相通，使得液态养分和气体能在两者之间相互渗透。只有袋狸这种生物是个特例，它的胚胎以构造完整的胎盘（和其他哺乳动物的不相上下）与母体相连。但无论如何，所有有袋类动物都会在小孩发育极为不全时就将它生下来，使得新生儿毫无自保能力，甚至连主动吸奶都做不到。不过我们前面也已说明，大部分有袋类动物会如何以后天行为改善这种"先天不足"的状况，即让小孩继续在育儿袋中发育直到健全。

一般哺乳动物的受精卵极小、不含卵黄，在母亲的子宫中着床发育。胚胎一开始必须借由一些临时的代用构造从母体接收养分，但不久后，就会出现一个结构复杂的胎盘，让母亲与胎儿成为一组紧密共存的生命。

哺乳动物的新生儿通常一出生就已发育健全，但母亲育儿的辛苦却也刚刚开始！它不仅要为孩子授乳、保护孩子安全，还必须负起教育责任。

以自身产出的乳汁喂养，以自身的生命养育幼儿，这正是哺乳动物被称为"哺乳动物"的原因啊！